グローバル資本主義と農業・農政の未来像

多様なあり方を切り拓く

小池恒男 編著

昭和堂

グローバル資本主義と農業・農政の未来像――多様なあり方を切り拓く 目次

第8章 農地・森林における所有者不明土地問題の顕在化と対策 160

飯國芳明

序章

本書で明らかにしたいこと

小池恒男

1 本格化するグローバル資本主義

平成の時代がまもなく終わろうとしている。戦後農政の大きな節目になったのは、象徴的には1985年のプラザ合意ということになるが、それ以降は、いわば基本的には食料の全面輸入自由化も辞さないという時代に大きく転換した、平成の時代というのはそういう時代への転換の時であったと、振り返ってみればそういうことだったと思わざるを得ない(時代の節目の10年間)。

たとえば、1971年に並木正吉「兼業農家問題の新局面」は、「貿易収支の黒字基調が問題とされはじめて以来、農業の総生産を増大することは、至上命令ではなくなった。「日本農業の食料供給という役割の減少」が明らかになり、食料供給に、海外からのそれを重視せざるを得なくなった。」と論じている。(1)

そしてその後において決定的なターニングポイントになったが1985年のプラザ合意であったということ、

世界的規模で繰り広げられる価格競争の中に身を置くことになったということ、そういう中での自給率の73％（1965年）から38％への低落であったということを再確認する必要がある。

1945（昭和20）年から1989（昭和64）年の戦後45年に及ぶ戦後昭和の農政史と、それを引き継いであった1989（平成元）年から平成の終わりまでの平成の30年間の農政史という流れを再確認する必要がある。

そして総仕上げ眼の前にあるのが、TPP11、日欧EPA、日米FTA、他の多くのEPA等々の国際通商協定の拡大とグレードアップの流れである（2国間・数カ国通商協定急進展のこの10年間）。ここで確認しておかなければならないのは、そういう壮大な闘いの中に位置づいてある「農政改革」であり、「農協改革」だという点である。

本書の分析・考察の対象は、1990年前後に本格化するグローバル資本主義のもとで登場したむき出しの構造政策（典型的には1992年の『新政策』）中心の今日に至る四半世紀にわたる農政の展開である。そこで先鋭化している農業・農政の諸問題を的確にとらえるとともに、国民にとってあるべき農業の姿と、それを実現する政策環境のあり方についての方向性を示す。

グローバル資本主義についてここでは以下のように認識する。グローバル資本主義は、いわゆるグローバリゼーション一般を意味するのではなく、1990年以降の本格化する多国籍企業が主導するグローバリズム、金融システムの発展、情報技術の発展に支えられて地球規模で進む資本主義の特殊形態と定義しておきたい。そしてこれによってもたらされる諸問題の発生についていての解明は、ダニ・ロドリックの「世界経済の政治的トリレンマ」の構図として知られているハイパーグローバル企業、国家主権、民主政治（国民）のトリレンマの三つの結合の理論に求められるものと考える。(2) 資本の国際移動、企業の海外進出、多国籍化にともなってハイパーグローバル企業の発言力の強まりとともに、農業・農政の分野のみならず、国民経済の多くの分野、国政のすべての分野にわたって三つの結合のバランスが大きく崩れ、国家・企業・国民の三位一体の関係が弛緩し、国家国民の合意形成がきわめて困難なものになりつつある。この状況の世界化、だからこその一方にある狭隘なナショナリズムの台頭なのである。

この点に関してわが国の現状に即して以下の1点のみを示しておきたい。このことは、「国政は民意を反映していますか」という設問に対して、「していない」が69・4%、「している」が27・6%という内閣府による「社会意識に関する世論調査」（2015年1月調査）の結果によって一点の疑いもなく示されるし、その背後に「2割の得票で8割の議席」という小選挙区制トリックがあることもまた明白である。(3)

2　本書の構成

政策論、担い手論、地域・国土・農地論、流通・消費論という構成で立案したが、執筆予定者のご都合もあり、結果的には以下に示すように、政策論、担い手論、地域問題・地域経済論、地域農業論、流通・消費論という構成でまとまった。

以下は、章別編成の確認である。

第1章　半世紀の農政はどう動いた　田代洋一
第2章　水田農業政策の展開と課題　小野雅之
第3章　10年後に改革完成をめざしてきた農業構造政策の願望と現実
　　——四半世紀の総括——　谷口信和

以上、政策論

第4章　グローバル市場主義の下での家族農業経営の持続可能性と発展方向
——農業経営の多様な形態・役割と持続のための施策　辻村英之
第5章　新自由主義化政策下における集落営農の本質——抵抗と対応——　伊庭治彦
第6章　農業労働力問題をどう解決するか　横田茂永・小田滋晃
以上、担い手論

第7章　経済のグローバル化と地域問題・地域経済　岡田知弘
第8章　農地・森林における所有者不明土地問題の顕在化と対策　飯國芳明
以上、地域・国土・農地論

第9章　〝オルタナティヴ農業〟をどう発展させるか　小池恒男
以上、地域農業論

第10章　食文化と農産物流通のあり方——青果物を事例として——　桂　瑛一
以上、流通・消費論

注

（1）　1971（昭和46）年、並木正吉「兼業農家問題の新局面」『農業総合研究』25巻2号。

(2) ダニ・ロドリック著、柴山桂太・大川良文訳『グローバリゼーション・パラドックス』白水社、2014年、10頁。ロドリックはつぎのように論じている。「1980年代まではこれらの緩いルールのおかげで各国には自分たちのやり方を追求する余地があり、発展の多様な道が可能であった。西ヨーロッパは地域統合を選択し、高水準の福祉国家を立ち上げた。日本はダイナミックな輸出促進と、サービス業や農業分野の非効率を結合するという、資本主義の独自かつ独特なブランドを編み出して、西洋に追いついた」、と。233〜240頁。

(3) 内閣府大臣官房政府広報室平成26年度『社会意識に関する世論調査』。

第1章

半世紀の農政はどう動いたか

田代洋一

はじめに

安倍政権は「戦後レジームからの脱却」を標榜し、農政をその中核にすえている。である以上、今日の農政を歴史的に捉えるには戦後の全過程を視野にいれ、日本資本主義が国内農業をどう位置づけてきたか、農政とそのアクターたち（官邸、官僚、農林族、農協等）はどう動いてきたかをみていく必要がある。

その場合には戦後改革期が始点になるが、本章では1970年代以降に焦点を絞りたい。というのは生産調整政策の廃止（国による配分の廃止）こそが今日の農政の歴史的核心と考え、したがってその始点は70年代の生産調整政策に求められるからである。

表1－1に略年表を示したが、70年代以降の農政は曲がっても曲がっても先の見えないカーブを曲がり続け

表 1-1　1970 年以降の農政略年表

（a…全般、b…国境政策、c…コメ政策、d…農地・構造政策、f…農協政策）

年次	農政関連事項
1970	b 農水省「総合農政の推進」（本格的生産調整）、d 農地法改正（賃貸借促進へ）
1971	a 農村地域工業導入法、b 稲作転換対策（～75年）、a ドルショック（金ドル交換停止）
1972	f 全農発足、b 農業白書「中核的担い手」、d 農地局→構造改善局
1973	a 変動相場制移行、a オイルショック、a 世界食糧危機　a「福祉元年」、d 農村総合整備モデル事業
1975	d 農地法賃貸借から農用地利用増進事業による「利用権」へ、a 赤字国債恒常化
1977	a 地域農政特別対策事業（「地域農政」）
1978	a 日経調、政策労組懇の農業攻撃、b オレンジ・牛肉等の輸入枠拡大、c 水田利用再編対策（～86年）
1979	a 時間当たり農業所得が切り売り賃金以下に、a 東京・大阪革新知事の敗北
1980	a 第二臨調発足、d 農用地利用増進法、a 日経調「食管制度の抜本的改正」、a 農業就業者数が建設業を下回る
1981	a NIRA「日本農業自立戦略の研究」（米の輸出産業化）、a 第二臨調答申（3 K 赤字解消）、c 自主流通米議員懇談会
1984	b 牛肉・オレンジ等の輸入枠拡大、a 農業総産出額のピーク
1985	a プラザ合意（超円高化→内外価格差拡大）、a 農業総産出額ピーク、a 労働者派遣法
1986	a 前川レポート（経済構造調整）、b ガット UR 開始、a 農政審報告（農業者団体主体の生産調整）、a 行政価格引下げ
1988	b 日米農産物交渉合意（牛肉・オレンジ自由化）、c 米価大会のシンポジウム化、c 政府米価引下げ、f 全中1000農協構想
1989	a 消費税導入、b 日米経済構造協議、f 農協が農政協設立、a 農林族第一次崩壊（参院選与野党逆転）
1991	f JA マーク、全中1000農協・事業組織二段化、b UR 包括的関税化案、a ソ連消滅、a「失われた20年」へ
1992	a 農水省「新しい食料・農業・農村政策の方向」（新政策）、a 製造業の就業者数ピーク、a バブル崩壊
1993	a 平岩委員会の規制緩和、d 農業経営基盤強化促進法（認定農業者制度）、a 細川連立内閣、b UR でコメ部分開放
1994	a 小選挙区制、a 村山内閣、a UR 対策 6 兆円、c 食管法廃止と食糧法、a サービス業就業者数が製造業以上に
1995	b WTO 体制発足、a 地方分権推進法、f 住専問題処理、c 米価下落
1997	a 省庁再編で農水省生き残り、a 経団連、株式会社の農地取得、c 稲作経営安定対策
1998	a 政府・自民党・農協の三者会議（農協抑え込み）、b 米関税化合意、a 家計の可処分所得減少・平均消費性向上昇開始
1999	b 米関税化、a 食料・農業・農村基本法成立、c「大綱」による直接支払政策、a 財政赤字先進国第一位に
2000	d 農業生産法人に株式会社形態、意欲ある担い手40万戸目標、a 雪印集団中毒事件、b WTO 日本提案（多面的機能論）
2001	a 小泉内閣「構造改革」、f JA バンク法、b WTO ドーハラウンド立上げ、d 構造改善局→経営局、a BSE 牛確認
2002	c 米生産調整研究会、米政策改革大綱（農業者・農業者団体が主体の生産調整）、
2003	f 農協のあり方研究会報告、c 地域水田農業ビジョンと産地づくり交付金、a 食品安全基本法、a 食糧庁廃止

2004	a 農林予算２％台へ、b 日メキシコ FTA 大筋合意、a 民主党・農林漁業再生プラン（直接支払）
2005	d 一般法人への農地貸付の全国展開、b 日タイ EPA 大筋合意（緑の連携協定）
2006	d 品目横断的経営安定対策の決定（4 ha、20ha への限定）
2007	c コメ政策揺り戻し（行政による生産調整再強化、交付条件の緩和）
2008	a 世界金融危機（リーマン・ショック）、b WTO ドーハラウンド決裂、a 財政赤字急増期へ
2009	d 企業の農地リース自由化、農地利用集積円滑化事業（委任・代理方式）、a 民主党へ政権交代、自民党農林族衰滅
2010	b 菅首相のＴＰＰ参加検討、c 戸別所得補償モデル対策（コメ生産数量目標達成者に10a 1.5万円）
2011	a 東日本大震災
2012	d 人・農地プラン、a 政権再交代（第二次安倍政権）、a 財政赤字 GDP の200％突破
2013	a アベノミクスによる異次元金融緩和、a 産業競争力会議・規制改革会議、b TPP 参加、d 農地中間管理機構法、c 農林水産業・地域の活力創造プラン
2014	b 日豪 EPA 大筋合意、f 規制改革会議、農協法等改正の提起、d 特区で株式会社の農地所有権取得
2015	f 農協法等改正、農協「自己改革」へ、b TPP 大筋合意、TPP 関連対策大綱
2016	a マイナス金利政策、f 規制改革推進会議（生乳指定団体・生産資材問題の提起）、a 農業競争力強化プログラム
2017	a 農業競争力強化プログラム関連 8 法の成立、b 日欧 EPA 大枠合意、b TPP11大筋合意

表 1-2　1970 年代以降の農政時期区分

単位：％

	1970 ～ 1979	1980 ～ 1991	1992 ～ 2001	2002 ～ 2012	2013 ～
経済基調	成長率鈍化	国際経済構造調整	規制緩和	構造改革	異次元金融緩和
平均成長率	4.3	4.4	0.8	0.8	1.0
農政	総合農政	国際化農政	新自由主義農政	政権交代期農政	官邸農政
農林予算の割合　期首	10.8	7.1	3.9	3.0	1.9
期末	7.5	3.6	3.0	2.1	1.7
国境政策	日米貿易摩擦	日米経済摩擦	WTO 体制	FTA（EPA）	TPP（TPP11）
米需給政策	生産調整政策	生産者団体主体へ	食糧法	農業者・農業団体主体	国による配分の廃止
農地・構造政策	賃貸借規制緩和	利用権	効率的・安定的経営	株式会社の賃借	農地中間管理機構
	中核的担い手			農地利用集積円滑化事業	
農政文書	総合農政の推進	前川レポート	新政策	米政策改革大綱	TPP 関連対策大綱

てきた感があり、時期区分が難しい。そこで本章では農政の背景や「思想」を端的に表現している文書（表1－2の最下欄）に即して時期区分した。

そのうえで表1－2で各期の概要をみたが、経済成長率や農林予算の比重からは1990年前後に大きな画期があるといえる。それはグローバル化と新自由主義が本格化する時期に重なる。そこで本章は、経済成長期までの農政（第1節）、移行期の農政（第2節）、グローバル化期の農政（第3節）に分けて述べることにしたい。

なお、表1－1ではa～fの5つの事項についてみている。全般的な事項に加えて、国境政策、米・生産調整政策、農地・構造政策、農協政策の4つである。以下の叙述では、年次とa～fの分野をもって、例えば1970年のa分野についてならば、「70a」というように記す（aが重なる場合は文脈からどれを指すか判断されたい）。

第1節　高度経済成長期までの農政

1　日本農政の歴史的特質

農林行政は強い国家統制を歴史的特質とし、統制の担い手としての官僚の力が強かった。戦前の天皇制国家、戦後の占領軍による間接統治の下では行政全般がそういう性格をもつが、とくに農政分野はその対象が貧しい（小作）農民であることによりパターナリスティックな性格も強く、「国士型官僚」[1]を生む土壌になった。農林省は戦後改革のなかで食糧と農地の国家統制官庁として再出発し、農協と農業委員会という二つの農業団体を農政浸透機関として展開した。

戦後の官僚体制の整備に遅れて、政治的にも1955年から自民党が万年与党化する「55年体制」が始まり、そのなかで自民党は早期に「自民党システム」を構築していく。[2] 同システムの核心をなすのは政財官の「鉄のトライアングル」である。すなわち自民党は政府提出法案や予算案は全て党政調会部会（国会の委員会に対応）での審査を通すこととしており、それと中選挙区制とが相まって、派閥と部会所属の族議員を群生させていく。

このシステムの下で、自民党は官僚に政策立案を丸投げし、法案を通してやることで官僚を手なづけ、族議員が業界ごとの予算決定に介入し、その配分の見返りに業界団体に集票させる利益配分と集票のシステムが作動していく。国家介入度の高い農政分野は政策決定に族議員が関与する余地が大きく、自民党の選挙基盤が農村にあることもあり、農林族はとりわけ強固だった。

2 基本法農政

農業基本法は民主主義下での所得均衡を大義とし、そのために国家が米価や加工原料乳価を決定する（1965年不足払い法）仕組みは、農協に政府との価格交渉（米価運動）の場を与え、一種の「農協コーポラティズム」（団体が内部に対する強い統制力を背景に国家と政策協議するシステム）が成立する。米価決定の公的な場は米価審議会だが、その裏で農林族が票と引き換えに農協をバックアップする「農政トライアングル」（農協→農林族→農水省）が働き、農協が「圧力団体」化するのが日本的特質である。

このシステムの下では、「政治的なホット・イッシューや、具体的な利害にかかわる案件は別として、将来にわたる観念的な政策課題について与党がイニシアティブをとることは、筆者の経験としてはまずなかった」[3]。つまりポリシー・メーキングは官僚の手にあり、族議員はその枠内での利益配分に「政治」の存在意義をみいだした。

資本がこのような高コストのシステムを許容しえたのは、なお国際競争が制限され、その枠内で高度経済成長が可能だった限りでのことであり、そこではいわゆる国家独占資本主義（福祉国家）が成立し、基本法農政もその一環だった。

基本法農政は所得均衡という目的を、理念的には構造政策を通じて、実態的には価格政策を通じて達成しようとした。しかし米価政策における、〈10アール当たり平均生産費／限界地反収〉という生産費・所得補償方式は、限界地の生産費を補償する点で耕境拡大的に、優等地にあっては平均以下経営にも農村日雇い賃金基準の生産費を補償する点では小農温存的に、[4]それぞれ作用し、本来の農民層分解政策は、圃場整備と大型機械の導入という物的条件の整備に限定された。この二つの条件下で、多くの農家は兼業稲単作経営化の道を歩んだ。その矛盾が次期には米過剰のかたちになって現れる。

第2節　移行期農政——1970・80年代——

1　総合農政——1970年代——

「移行期」とは、高度経済成長（国家独占資本主義）期からグローバル化への移行期を指す。基本法農政のメカニズムは前述のように米の過剰をもたらし、米過剰は農政の基調を変える。①農協の価格交渉力を減殺し、農協は「食管堅持」のスローガンのもとに「全国一律減反」をとなえて、政府の生産調整政策に協力していく。②農水省は生産調整政策の立案・遂行を通じて「『日本農業を動かす農林官僚』の役割に自信を深め[5]」、「総合農政」への転換を図っていく（70a）。総合農政の「総合」とは、貿易政策（自由化）、米以外の作目（生産調整）、所有権移転だけでなく賃貸借、農村政策と農政、との四つの「総合」の意であり、具体的には第二次農産物自由化、転作促進、中核的担い手（72b）による農業の組織化、農村総合整備モデル事業（73d）といった政策がとられていく。

③価格政策に代わり補助金政策が採られるようになり（補助金の割合は今期に46％から59％へ）、農林族の主流がいわゆるベトコン議員から「補助金を取るなら総合農政派」にシフトする。彼等の受けがよかったのは農村整備政策（73ｄ）である。

④成長率鈍化に伴い、危機管理方式が中央集権的な手法から地方分散的な手法に代わり、革新知事が生まれるとともに、農政においても「地域農政」（77ａ）が強調されるようになる。それは賃貸借と生産調整政策に地域（農協）を動員することである。

しかし、変動相場制への移行は、市場が為替相場を決めることにより市場万能の新自由主義の思想を生み、国が市場に介入する生産調整政策は徐々に忌避されるようになる。

基本法農政のイデオローグだった並木正吉は１９７１年に、貿易収支が黒字基調になれば、その黒字で農産物を輸入すればいいから農業の食料供給という役割は後退し、資源の効率利用という点から兼業農家を厄介視しなくてもよくなると論じた[6]。一見、兼業農家肯定論にみえるが、その延長上にあるのは国内農業不要論である。

現実はどうだったか。この時期、農家のⅡ種兼業化、離農はピークに達し、農業就業者数の減少もピークだった[7]。第一次高度経済成長期には資本は農家の新卒労働力を四大工業地帯に吸引し、農家出身者が新規学卒労働力の４割を占めるに至ったが、前期末には既に若年労働力不足を引き起こすに至った。そこで資本は第二次高度成長期の波に乗って四大工業地帯の縁辺部、中間部への立地をめざすようになり、太平洋ベルト地帯を形成する。その結果、今期には農家の総兼業化時代を迎えることになる。それを促進したのが農村地域工業導入（71ａ）だった。要するに今期は、資本が成長のための労働力給源として農家・農業をなお必要とする時期だった。

高度経済成長期の一つの矛盾は食料品価格を先頭とする物価高騰だった。そこで、①資本にとっての賃金コストを引き下げるためにも、②食品産業の原料農産物の調達コストを引き下げるためにも（78ａ）、③政策労組懇の、なぜ日本国民は外国の5倍も高い牛肉、２倍も高いコメを食わされ続けねばならないのかという不満（78ａ）に応えるためにも、④そして価格上昇が見込めないなかで農業者が所得を確保するためにも、先の並木説に反して規模拡大が求められた。こうして賃貸借の規制緩和（70ｄ）、農水省農地局の構造改善局への改組（72ｄ）、利用権による土地用益の集積（75ｄ）、生産組織化が図られていく。

２　国際化農政――１９８０年代――

前期末には、時間当たり農業所得が農村臨時賃金を下回る事態が生じていた（79ａ）。これは、農家には臨時雇い賃金以下に評価される高齢労働力しか残されていないことを意味する。現実に農業就業者数は建設業以下になっていく（80ａ）。資本にとって労働力源としての農家・農業を当てにできない時代がやってきた。資本はその再生産軌道内に労働力の自己完結的な追加供給源を確保できる方向を目指し（85ａ）、国内農業を不要化していく。

１９８０年に第二臨調が発足し、３Ｋ赤字（コメ、国鉄、健保）退治に乗り出し、新自由主義の日本上陸となる（80ａ）。今期に国家予算に占める農林予算の割合は食管費を中心に激落していく。前期末に水田利用再編対策が始まり（78ｃ）、「田畑輪換の推進、地力の維持増進」（86年農政審「21世紀に向けての農政の基本方向」）といった農法変革に迫る高い理念のもとに転作政策が進められたが、現実には10㌃当たりの奨励金・助成金は6万円から２万円程度にひきさげられる。

「日本に農業は必要か」という問いかけは海外からも発せられる。１９８０年代前半には、ドル高・高金利のレーガノミックスにより日本は円安になり、それを武器としたアメリカ等への集中豪雨的な輸出により外貨を稼ぎ、その見返りとしてアメリカからの農産物輸入圧力が強まる。それはまず70年代末の牛肉・オレンジ・同果汁の自由化要求から始まり（78ｂ）、80年代には牛肉・オレンジの日米農産物交渉が本格化した（84ｂ）。

こうして農林族は、価格介入という舞台を失った後に、自由化問題という出番を得た。経済局長として日米農産物交渉にあたった佐野宏哉は、アメリカ側に日本農業の困難を縷々説明しても「郵便切手のように小さな農業をなぜ守るか」と相手にもされなかったが、日本では農村票が極めて重く、自民党農林部会が政策決定権を握り、自由化は自民党の政権基盤をゆるがすことになるという説明には耳を傾けたという[8]。

かくして84年頃が「族議員の全盛期時代」とされ、自民党の農政部門を仕切る「農林幹部会」は「農政の最高意思決定機関」とも言われた[9]。

86年は農政の山場だった。前年にプラザ合意を経て超円高に追い込まれた日本では、農産物の内外価格差が一挙に拡大し輸入圧力が強まる。日本は前川レポートで「拡大均衡」に舵を切る。「拡大均衡」とは輸入も増やすがそれ以上に輸出も増やすということであり、基幹作物を除く内外価格差の著しい農産物の「着実な輸入の拡大」が挙げられた。円高を乗り越えるため海外進出（多国籍企業化）が必要になり、海外に出られない農業と石炭業は国内淘汰を迫られた。

86年夏に衆参同日選挙がなされ、自民党が圧倒的勝利をおさめた。それへの貢献を理由に、農協陣営は、生産費・所得補償方式でいけば5％以上の米価引下げになるにもかかわらず、据え置きという無理筋要求をし、それを「ベトコン」「アパッチ」と呼称される議員が支持し、農林族幹部・党幹部はそれを抑えきれず米価据え置きとなった[10]。

しかしその反動はすさまじかった。第一に、一挙にマスコミ等の農業・農協批判を巻き起こし、農業を孤立に追い込んだ。全中は翌年米価は従来の算定方式に従うこと、生産調整は生産者団体が主体的に取り組むことを約束させられ、行政価格は引下げにむかった（86ａ）。

第二に、農林族が分裂・弱体化した。80年代なかばに政府米は一挙に比重を落とし、自主流通米が米流通の主流になっていく。そのなかで東北・北陸のコメどころは米価一般よりも良質米奨励金の獲得にウエイトを置いていき、農林族に亀裂が走る。

第三に、86年選挙は自民党の都市シフトを明確に示し、それをみたアメリカは、先に佐野が強調したような自民党の政権基盤への配慮をかなぐり捨てて、果敢に自由化を要求するようになる。88年に牛肉・オレンジ等の自由化が決着するが、翌年の参院選で農林族の大物議員が相次ぎ落選した（89ａ）。

86年にはガット・ウルグアイ・ラウンド（ＵＲ）が始まった。その前年にアメリカの業界団体は日本のコメ輸入禁止を米国通商代表部（ＵＳＴＲ）に提訴し、ＵＳＴＲはＵＲでコメ自由化をとりあげることとし、コメが聖域から国際交渉の場にひきずり出されることになった。

80年代なかばには、政府米は価格の下支え機能も失っていった。農政審報告は品質格差の反映、価格政策の対象数量の限定、奨励金による代替等を提案し、農産物貿易制度でも「例えば関税による措置」を提案した（86ａ）。

91年にソ連が崩壊し、冷戦体制が終焉する。冷戦体制下における社会主義経済への対抗としての国家独占資本主義（福祉国家）は、対抗相手の消滅とともに自らの存在理由を失い、社会的統合のための農業保護政策も終わる。こうして日本に農業は要るのかが内外から厳しく問われるようになったのが今期だった。

第3節　新自由主義農政

1　新自由主義農政への転換期――1990年代――

91年にはURで「包括的関税化」が提起されるに至った。ここにきて農政は米の関税化（自由化）が避けがたいことを覚悟し、それへの政策対応を模索した。それがいわゆる新政策（92a）である。農水省は新政策に「当初及び腰であった」といった評価もあるが、新政策は、例えば直接支払政策への転換といったUR交渉を不利に導く政策提起は慎重に避けつつ、ポストUR農政を模索した画期的文書である。そして「新しい食料・農業・農村政策」というその名称が、そのまま新基本法に採用されている点からも、既にこの時点で新基本法を用意するものだった。その内容を一口で言えば、グローバル化に対応した新自由主義的農政への転換である。同時に前期につきつけられた「日本に農業は要るのか」という問いに農政としての一定の答を出そうとするものだった。以下、新政策の内容をみていく(11)。

第1に、農業者から国民・消費者への政策対象のシフトである。農業一本から食料・農業・農村への政策分野の拡張、居住空間としての農村、国土・環境保全への留意がそこから出てくる。対象分野の拡大は、反面では食料、農業、農村の分断につながり、のちの産業政策と地域政策を峻別する政策につながった。

第2に、焦点は経営政策にある。「マクロとしての農業構造をどうしていくべきかという視点よりも、ミクロとしての農業経営の育成強化に大きな焦点」を当て、農家ではなく「個人を基本単位とした経営」を考え、「新たな指標の下での自立経営としての経営体」として「経営感覚に優れた意欲ある効率的かつ安定的経営」を設定し、組織経営体も「個人の集合体」として捉え、その法人化を促し、10年後には稲作の8割集積をめざす。この観点から認定農業者制度が発足し（93ｄ）、期末には構造改善局を経営局に衣替えする（01ｄ）。農業生産法人の一形態としての株式会社にも言及し、財界要求に配慮しつつ株式会社の農業参入論の火付け役になる。構造政策は終了したという認識だが、それは時期尚早だった。

第3に、生産調整は「行政努力が限界」に近づいており、「地域の自主性あるいは生産者団体の主体性を活かした緩やかな仕組み」「主体的判断による生産調整」すなわち選択制をめざす。食管制度も「市場原理、競争原理が有効に働くような仕組み」すなわち「部分管理あるいは間接統制」を検討する。

第四に、価格政策については「農産物の価格に市場メカニズムを働かせ、競争条件を整備しながら、意欲ある経営能力の高い農業経営体に農地をはじめとする経営資源の集積を促進」することとし、構造政策を「政策の第一目的」とする日本では直接所得支持政策は非現実的と退ける。

このように見てくると、その根幹は既に86年農政審の「生産者・生産者団体の主体的責任」、「経営感覚に優れ」「企業者マインドと知識をもった農業者」の育成、「産業として自立し得る農業の確立」等で既に打ち出されていたものだが、それらを「効率的かつ安定的経営」という経営者像とその育成に絞り込んだところに新政策の最大の特徴がある。

同文書の成立は特異である。立案に当たって「新政策懇談会」を設け各界識者の意見を聞き、事後には農政審の了承を得ているが、ほぼ農水省単独の官僚文書であり、官僚農政の強まりを示唆する。

93年は大冷害により大量の米輸入が必要になった。7月の総選挙で自民党は下野し細川連立政権に交代した。同時期、アメリカはコメの関税化の例外措置（ミニマム・アクセス：ＭＡ）を認め、ＵＲは事実上決着した。農水省幹部は、このことを自民党農林族トップと連立与党政権の首相・農水相と小沢一郎にしか伝えていない。与野党に分かれても「家族も同然というほど結束の固い農林族の世界」がそこにはあった[12]。

国会は3度にわたりコメ自由化反対の決議を行い、農林族も独自に動いたが、農水審議官として交渉にあたった塩飽二郎は「日本の特徴ですが、間断なく閣僚が交代します。……（閣僚になった政治家の）経験が浅い。……日本はすべて官僚に依存せざるをえない。『政治主導』と言われますが、独り立ちできない」としている[13]。

連立政権は94年に小選挙区比例代表制を導入した。それまでの中選挙区制では自民党から複数候補を当選させることが可能で、議員は農政といった単独イッシューを掲げて選挙を戦うことができ、派閥と族が存在し得たが、小選挙区制下で当選するには各層から万遍なく票を集める必要があり、族議員の存在余地は狭められた。

ＭＡの受け入れは独占国家貿易に反するため食管法の廃止と食糧法の制定となった（94ｃ）。食糧法は、コメ流通を自由化しつつ「生産者の自主的な努力を支援する」生産調整によって需給調整（米価維持）を果たそうとしたが、折からの連続豊作もあって過剰が累積し、米価は95～２０００年に25％も下落し、生産費を割り込むに至った。そこで価格補てんする政策（97ｃ）が開始され、直接支払政策の嚆矢となった。

政府自民党は、ＷＴＯドーハラウンドの開始を見込んで、ＵＲでコメ自由化に抵抗しつつ敗北した農協を抑え込んで（98ａ）、コメの関税化に踏み切り、食料・農業・農村基本法を制定した（99ａ）。ＷＴＯ農業協定で価格支持政策は「黄の政策」として削減を義務づけられるので、「大綱」行政により次々と品目別の直接支払政策への転換を進めた（99ｃ）。

新基本法の新機軸は、93年特定農山村法など産業振興にとどまっていた中山間地域政策について、「生産条件に関する不利を補正」する直接支払に踏み切った点である。それとの関わりもあり、「多面的機能の発揮」を第3条に銘記した。

多面的機能論は、ＵＲの開始時から一貫して日本が国際的に主張した概念であり、ＷＴＯ農業協定の前文にも「非貿易的関心事項」として書き込ませた。ＷＴＯドーハラウンドの開始に当たっては「ＷＴＯ日本提案」を発し（00ｂ）、農業の多面的機能への配慮、食料安全保障の確保、そのための「多様な農業の共存」の必要を訴えた[14]。前期における「日本に農業は必要か」という内外からの問に対して、農政が今期に用意した答が「農業の多面的機能」の存在だった。

それは農業の存立意義を市場外にみいだし（外部経済性の強調）、市場経済内では「農産物の価格が需給事情及び品質評価を適切に反映して形成されるよう」というＷＴＯの新自由主義に沿うものであり、新基本法は新自由主義農林官僚の台頭・支配を告げるものでもあった。

２　政権交代期農政――２００２～２０１２年――

90年代に自民党の絶対得票率は20％以下に急落し、めまぐるしい政党再編と連立政権の組替えがなされた。２００１年に小泉内閣が成立し、「聖域なき構造改革」の名で新自由主義政策がとられていく。01年にはＢＳＥ牛が確認され、02年にかけて食の安全性問題が多発した。ＢＳＥに関する調査検討委員会が設置され、その02年の報告書は、農水省の「重大な失政」を断じ、「抜きがたい生産者偏重の体質を関係議員と共有して」いると糾弾した。それに対して農水省は「食と農の再生プラン」で消費者重視をより鮮明にし、食糧庁を廃止し（02ａ）、消費・安全局を新設した。

01年５月に、農水省の「改革」派職員の持ち込みにより、経済財政諮問会議の民間委員が生産調整の見直しを提起し、生産調整研究会が設立され、02年末には「米政策改革大綱」が決定された。関連文書によれば、「過剰米に関する政策経費の思い切った縮減」をめざす、「当面」は生産数量目標を行政と農業者団体で配分し、産地づくり推進交付金を創設するが、２００８年までに「農業者・農業者団体が主役となるシステム」を構築し、２０１０年までに農業構造の展望（効率的・安定的経営に農地の６割集積）と「米づくりの本来あるべき姿」（「国による生産調整の配分を必要としない状態」「農業者・農業団体が配分を行うシステム」「需給均衡価格が成立している状態」を実現するというものである。

要するに需要曲線と供給曲線の交点で価格が決まるという経済学教科書の世界を実地に移そうとする幻想だが、70年代以降の農政に突き刺さった最大の棘である市場メカニズムへの国家介入（国による生産数量の配分）をやめるという点では、農政最大の転換である。

そのような立案はなぜに可能だったのか。研究会座長は「小泉元総理自身は農業や農政の問題についてほとんど関心を寄せていなかった」し、「改革農政が小泉改革と重なるところはほとんどない」[15]としているが、客観的には既に小選挙区制で制度的に高まっていた官邸権力を実際に行使した小泉構造改革の時代背景下にあったといえる。

研究会には少なからぬ農協人が加わっていたが、生産調整の責任の押し付けを回避できず、ＢＳＥでは農水省や族議員が「失政」の責任を問われた。かくして、少なくとも政策立案は官邸権力をバックにした委員会の手に移り、農水省も団体も農林族もそれに従わされた。

03〜06年にかけて生産調整研究会をリードした研究者等を主体に日本経済調査協議会、日本経済研究センター等より相次いで農政に関する報告書がだされる。それらは「農政の体系に社会保障の要素を持ち込まないこと」、産業政策と農村政策の峻別、農地規制の事後規制・行動規制への転換とともに、改革には「一貫したリーダーシップを発揮する司令塔が必要」、「委員会や研究会の主導によって政策に関する評価や制度改革」が必要とした（日経調『農政の抜本改革』03年）。ここで「司令塔」とは官邸、「研究会」とは新自由主義者集団を指すことは明らかだろう。要するに官邸主導への過渡期としての「委員会」農政の提起と言える。

しかし新自由主義的な「改革」への反動もまた大きかった。生産調整は弛緩し過剰作付面積は04年の２・５万ヘクタールから07年の7・1万ヘクタールに膨れ上がり、米価は恒常的に生産費を下回った。それに有効な措置をとらない自民党農政への不満は高まり、そこを突く形で民主党は直接支払政策を打ち出し（04a）、それに対して自民党は品目横断的経営安定対策を取るが（06d）、生産費を下回る米価への有効策はなく、それどころか個別経営4ヘクタール、集落営農20ヘクタールといった交付要件を設ける選別政策をとったことが、農業者の怒りに油を注ぎ、自民党はあわてて生産調整強化策に回帰するものの（07c）、時すでに遅く、民主党への政権交代になった（09a）。政権交代選挙は迷走に陥った大量の農林族議員の隠退・落選をもたらし、ここに農林族は滅びた。

政権交代の直前には、農地法改正で「耕作者みずからが所有することを最も適当」の文言が削除され、企業の農地リースが解禁され、農地利用集積円滑化事業が設けられた（09d）。

政権に座った民主党は米生産数量目標（裏返された生産調整）を達成した農業者に10アール1万5000円を支払う米戸別所得補償政策で農家の支持を得た。それに対して自民党は地域資源管理に交付金を支払う日本型直接支払政策で対抗しようとした。政権交代期にあって、農政なかんずく米・生産調整政策がその争点に躍り出るとともに、政治に翻弄されることになった。

民主党は「脱官僚支配」を結党理念とし、自民党政権における党と政府の「二元支配」を打ち破るべく、党から送り込んだ政務三役が政策決定するシステムをとった。そこには、政権党が政策立案を官僚に丸投げするのではなく、自ら政策立案するという画期性と、官僚や幹事長・政務三役以外の与党議員をそこから排除するという権力集中志向があり、統治上の命取りになった。

3　官邸農政——2013年——

官僚を排除し「党が政府を引き回す」民主党システム(16)は、東日本大震災のなかで統治能力の欠如を露呈して自滅し、2012年末には自民党政権への再交代となった。政権復帰を果たした安倍首相は、直後から異例のスピードで「安倍農政」を展開する。TPP交渉参加、「減反」とコメ戸別所得補償の廃止、農協法・農委法改正、農地中間管理機構の設立、農業競争力強化プログラム関連8法の制定等の農政リストは表1－1の末尾のとおりである。(17) その特徴は次の5つにまとめられる。

第1は、憲法改正というゴールに向けての経済政策・アベノミクスと農政の直結である。すなわちデフレから脱却し経済成長をとげるために、TPPと異次元金融緩和で円安誘導して輸出を伸ばす、その一環として農業の輸出産業化・成長産業化を果たす。農業の企業化を図り農協を排除する。

第2は、農政・農協「改革」を「戦後レジームからの脱却」イデオロギーの象徴にすえる。脱却すべき「戦後レジーム」は何よりもまず戦後憲法体制を指すが、戦後改革期と高度経済成長期にとられた国家独占資本主義（福祉国家）的な「レジーム」も含まれ、「戦後以来の大改革」「60年ぶりの農協改革」が強調される。それは歴史修正主義的イデオロギーと規制撤廃の新自由主義のハイブリッドである。

第3は、政策決定における官邸主導である。官邸主導を可能にしたのは、①小選挙区制（94a）における党首権力強化、②中央省庁再編（01dはその一環）を通じる内閣官房強化・内閣府創設による官邸の各省支配であり、それが小泉構造改革を可能にしたが、第二次安倍政権はそれに③2014年の内閣人事局設置による官邸の官僚支配を加えた。さらに小泉政権にはなかった第二次安倍政権に固有の歴史的条件は農林族の消滅である。あるいは官邸に忠誠を誓う新農林族への世代交代である。

このような安倍農政＝官邸農政はURとTPPの交渉の差にも歴然としている。前述のようにURでは農林官僚が農業分野の交渉の一線に立ったが、TPP交渉では官邸に直結するTPP担当大臣の差配下で内閣官房のチームが全てを仕切った。

第4は、一方では担い手への農地8割集積に血道をあげつつ、他方ではあたかも構造改革が既に完了した（「米づくりの本来あるべき姿」が実現した）かのフィクションにたって、担い手限定的な政策を展開する点である。典型例は、収入保険の導入であり、これは全農家の4分の1程度しか行っていない青色申告を条件とするものである。その前触れは、新政策に現れていた（前述）。

第5に、民主党農政をバラマキと批判し、担い手農業者にも好評だったコメ戸別所得補償を廃止するなどの「リベンジ農政」である。それは政権交代期の政策作法にもとる。

本章においては、生産調整政策からの国家責任の開放を1970年代以降の農政の最大の課題と位置づけたが、第二次安倍政権はこの歴史的課題をクリアした点でまさに画期的である。

しかしそれは生産調整の達成手段を10アール当たり最大10・5万円を支払うという飼料米優遇措置にすり替えただけで、田畑輪換農法への転換という理念を放棄し、国家カルテルの廃止は生産調整と米需給の弛緩による米価下落の危機を内包し、セーフティーネットとしての収入保険は前述のように階層限定的であり、政策矛盾を強めるだけだろう。

官邸農政の下、食料自給率（特に生産額自給率）は低下し、耕作放棄地率は高まり、中山間地域をはじめ鳥獣害がはびこり、自生的な担い手としての集落営農（法人）も存亡の危機に立たされ、農業団体は委縮し、その基礎となる農家組合等の衰弱がみられる。安倍政権の内閣人事局を通じる官僚支配は、「忖度」「改ざん」等をはびこらせ国家統治機構のとめどない劣化をもたらしている。

以上、本章では駆け足で官僚農政から官邸農政への流れをみてきた。求められるのはそのいずれでもない公共政策としての農政である。ここで「公共」とは平たく言えば「みんな」を指す。それは何よりもまず政策形成の官僚や官邸、一握りの「委員」からの開放と民主化である。そのうえで、食料自給率の向上と多面的機能の発揮、農村社会の安定という国民の付託に応える農政の展開であり、その基軸は、「多様な農業の共存」に基づくＷＴＯ体制の民主化・実効化、「国内対策」と引き換えにとめどなく門戸開放するＦＴＡ（ＥＰＡ）政策の見直し、内外価格差を補てんしうる直接所得支払制度の普遍化、農山村社会を維持する方向での中山間地域直接支払や多面的機能支払の充実である。

注

（1）佐竹五六『体験的官僚論』有斐閣、１９９８年、第1章。
（2）拙著『政権交代と農業政策』筑波書房ブックレット、２０１０年、Ｉ—2。
（3）佐竹・前掲書、17頁。
（4）優等地の農家蓄積をうながす面もあるが、それでもって自作地拡大する壁は厚かった。
（5）佐竹、前掲書、61頁。
（6）並木正吉「兼業農家問題の新局面」『農業総合研究』25巻2号、１９７１年。
（7）拙著『新版　農業問題入門』大月書店、２００３年、第8章、山崎亮一『グローバリゼーション下の農業構造動態』御茶の水書房、２０１４年、第6章。
（8）佐野宏哉「日米農産物交渉の政治経済学」『エコノミア』（横浜国立大学経済学部）95号、１９８７年。
（9）吉田修『自民党農政史』大成出版社、２０１２年、２６１頁。
（10）猪口孝・岩井奉信『「族議員」の研究』日本経済新聞社、１９８７年、１８５～１８８頁、拙著『日本に農業はいらないか』大月書店、１９８７年、Ｉ—三。
（11）新農政推進研究会編著『新政策　そこが知りたい』大成出版社、１９９２年。
（12）黒河小太郎『総理執務室の空耳』中央公論社、１９９４年、１８７頁。
（13）塩飽二郎「私の来た道」政策当局者の証言⑤」『金融財政ビジネス』２０１１年10月20日号。

(14) しかし2000年代初頭に日本は早くもFTA(EPA)に軌道修正し、URで対決したケアンズグループとの自由貿易という真逆の方向に結果していく(13b、14b)。

(15) 生源寺眞一『農業再建』岩波書店、2008年、274~5頁。

(16) 拙著『政権交代と農業政策』(前掲)28~32頁。

(17) 拙著『戦後レジームからの脱却農政』筑波書房、2014年、同「農業競争力強化プログラム関連法が狙うもの」『経済』2017年10月号、同「農業競争力強化関連8法成立の歴史的位置」『歴史と経済』240号。

第2章

水田農業政策の展開と課題

小野雅之

はじめに

2013年12月に決定された「農林水産業・地域の活力創造プラン」に基づいて、安倍農政改革（①農地中間管理機構の創設、②経営所得安定対策の見直し、③水田フル活用と米政策の見直し、④日本型直接支払制度の創設の四つの改革）が進められている。これによって水田農業政策は何度目かの大きな転換点を迎えることになった。とりわけ、2018年度から政府による生産数量目標の設定と配分が廃止され、政府が提供する需給に関する情報を踏まえて農業者・農業者団体が主体的に生産数量を決定する仕組みに再度転換することが、民主党政権期に導入された米の直接支払交付金の廃止と併せて、需給調整の行方に関わる焦点となっている。

本章では、このような今日の水田農業政策の転換を、その歴史的経過を踏まえつつ検討し、今後の水田農業政策の課題を提示する。ところで、水田農業政策には、①米需給管理・調整政策、②貿易政策、③水田利用政策、④米価格政策、⑤米流通政策、⑥水田農業経営政策、といった多面的な政策が含まれる。

また、第二次世界大戦後の水田農業政策の展開は、1960年代までの食糧管理法（以下では食管法）に基づいて米需給と価格、流通ルートが政府によって管理されていた時代から、1960年代末の米過剰の発生と生産調整政策の実施、1995年の主要食糧の需給及び価格の安定に関する法律（以下では食糧法）の施行、2004年からの米政策改革と改正食糧法施行、そして今日の安倍農政改革、という大きな画期に区分できる。このそれぞれの段階において、水田農業政策が主要な課題とした点には違いがあるが、大きな転機になったのは米過剰の発生であり、それ以降の水田農業政策において一貫して最も重要な課題であり続けたのは需給調整政策であることは言うまでもない。

そこで、本章では、第1に、水田農業政策の変遷を各課題に即して概観するとともに、第2に2004年米政策改革以降の水田農業政策を、需給調整政策と経営安定政策の二つの面から検討し、第3に、安倍農政改革のもとでの需給調整政策の動向と実態を、焦点となった2018年産米の需給調整を踏まえて検討する。

第1節　1990年代までの水田農業政策の変遷

1　米流通政策

第2次大戦後の米流通政策は、食糧管理法に基づいた政府による需給管理のもとで、厳格な流通規制が行われていた時期（1960年代末まで）から、米過剰の発生にともなう自主流通米制度の導入をはじめとして流通規制が段階的に緩和される時期（1960年代末～1993年）、食糧法の施行によって流通の自由化が進められる時期（1994年～2003年）を経て、2004年の改正食糧法の施行によって流通が完全に自由化される時期へと変遷した。

この過程で、第1に、食管法当時の政府による全量買入から、国産米買入の備蓄用への限定と生産者の米販売の実質的自由化（食糧法）を経て、計画流通米と計画外流通米の制度区分の廃止（改正食糧法）によって、旧自主流通米と生産者販売米を合わせた民間流通米による米流通へと変化した。第2に、食管制度のもとで集荷業者の指定制、販売業者（卸売業者、小売業者）の許可制、集荷・販売エリアの制限、卸売業者・小売業者の結びつき規制などのもとにおかれていた集荷・販売業者への規制は、食糧法施行による登録制への移行（ただし集荷業者、販売業者の区分は維持）と参入要件の緩和、営業範囲の自由化、卸売業者・小売業者の結びつき規制の廃止を経て、さらに改正食糧法による届出制への移行によって廃止された。

このようなプロセスは、「政府に管理された配給品としての米」流通から、「商品としての米」流通への自由化・市場化の過程であった。ただし、米穀等の取引等に係る情報の記録及び産地情報の伝達に関する法律（米トレーサビリティ法、2010年）によって、取引等の記録の作成・保存や事業者間および消費者への産地情報の伝達が義務づけられた。また、精米の不適切表示が相次いだことから、表示のチェック体制が厳格化された。流通に対する経済的規制は撤廃されたが、社会的規制はむしろ強化されたことになる[1]。

2 価格政策

食料消費における米のウエイトが高く、農業生産における稲作のウエイトも高かった1960年代[2]には政府による全量買入・売渡制度のもとで、消費者の家計の安定と生産者の再生産確保を旨として政府買入価格・政府売渡価格が決められており、売買逆ざやが形成されていた。この二重価格制度は1980年代半ばまで維持されていたが、生産者米価の1984年産からの据え置き、87年産からの引き下げ、消費者米価の引き上げによって、売買逆ざやが解消した。また、米需給が過剰基調で推移するもとで生産者米価が抑制的に決められたことから、生産者の庭先価格での政府米価格に対する自主流通米価格の優位性が1970年代後半から拡大し、自主流通米増加の要因となった。さらに1980年代には生産者直接販売米の優位性も拡大した(3)。

自主流通米の価格形成では、1990年産から入札取引が実施されるようになり、価格形成に市場原理が導入された。この入札での価格決定において、当初は米価の大きな変動を抑制するために前年産価格を踏まえた基準取引価格、値幅制限が設定されたが、基準価格設定方法の変更と値幅制限の拡大によって米価の下落につながった（1992年産2万2813円から93年産の大不作による高騰をはさんで97年産には1万8717円）。さらに、1998年産からは基準価格の廃止、値幅制限の撤廃が行われ、入札取引への市場原理の徹底が進められた(4)。同時に、これとセットで稲作経営安定対策が1998年産から実施されたことで、WTO体制下に適合的な市場原理による価格形成と価格下落時の事後対策としての経営所得安定対策、という農産物価格政策・経営安定政策の転換に舵を切った。米の価格政策は、実質的にこの時点で終焉したと見てよい。

このように、価格政策の面では、政府米買入を通じた価格支持政策が機能を失った後、価格安定のための政策を欠いた状態で市場原理による価格形成が徹底されたことになる。したがって、米価の安定はひとえに需給調整の成否に依存し、稲作経営の安定のための政策は価格安定政策ではなく経営安定対策によって対応することになったのである。その後も、米価は2002年産1万7171円へと下落したことから、2000年代には経営所得安定対策が水田農業政策の重要な柱となる。

3　米需給調整政策・水田利用政策(5)

米需給は、1960年代後半の連続豊作と米消費量の減少によって、それまでの国産米の需給逼迫（1965年度輸入量105万ﾄﾝ）から一挙に過剰局面に移行し、食糧管理特別会計の赤字が問題となり、需給調整政策が実施されることになった。需給調整の方法としては、需要面（消費拡大）の対策と供給面（生産抑制）の対策の両面があるが、政策的に実施可能性が高いのは供給面での生産抑制（生産調整）であった。その際に、水田農業政策の観点からは、生産調整の実施によって必然的に発生する米を作付けしない水田をどのように利用するかが課題となるのであり、本来の需給調整政策は水田利用政策と結びつけて実施されるべきものである。

しかし、2003年産までの生産調整の動向を示した表2−1（次頁）にみるように、当初の生産調整政策（表2−1の対策①、②−1、以下、同様に表記）では、過剰在庫を削減することが優先されたことから、休耕が増加し、水田の利用率は低下した。水田利用政策としてではなく、過剰対策として生産調整政策が実施されたのである。

その後、1972〜73年の世界的な食料危機の後に実施された対策②−2、③、④では、生産調整を単なる米の生産抑制にとどめず、転作による水田の有効利用を進めようとした政策意図によって、飼料作物、麦類、豆類（特に大豆）の重点作物への転作が、高額の転作奨励金（対策④−1の奨励金単価は、飼料作物、麦類、大豆に対して10アール当たり最高7万円）の交付によって推進されたことから、転作率が高く、しかも重点作物の作付面積が増加した（重要3作物への転作面積は1982年40・3万ヘクタールが最大）。この時期には、農業集落等を単位とした田畑輪換栽培やブロックローテーションなどの集団転作も各地で取り組まれ、わが国の水田利用にとって前進的な側面がみられた。また、転作による野菜の生産が拡大し、産地化が進んだことも確認できる。その結果、1973年に99％まで低下した田本地利用率は85年には110％に回復した。水田利用政策の一環として生産調整政策が位置づけられた時期である。

しかし、生産調整が一段と強化された対策⑤では、引き続き重点作物を中心に転作が推進されたが、転作面積の拡大には限界が生じ、多様な形態の非転作面積が増加した。さらに、1993年産の大凶作（作況指数74）による需給ひっ迫を受けて生産調整が緩和された対策⑥、⑦においては、重要作物を中心に転作面積が大幅に減少

表２-１　生産調整の実施状況と水田利用の推移（1970年産～2003年産）

（単位：千ヘクタール、パーセント）

対策名		実施期間	生産調整実施面積							
			実施面積計		うち転作実施面積					非転作面積
				実施率	計	転作率	重要3作物	野菜	その他作物	
①	米生産調整対策	1970年	337	10.6	76	22.6				261
②－1	稲作転換対策（前半）	1971～73年	556	18.0	270	48.5	115	43	21	286
②－2	稲作転換対策（後半）	1974～75年	289	9.7	265	91.9	103	39	36	24
③	水田総合利用対策	1976～77年	203	6.9	184	90.6	80	63	41	19
④－1	水田利用再編対策（第1期）	1978～80年	498	17.3	439	88.0	279	89	71	60
④－2	水田利用再編対策（第2期）	1981～83年	660	23.4	582	88.3	393	109	81	77
④－3	水田利用再編対策（第3期）	1984～86年	611	22.1	500	81.8	313	114	73	111
⑤－1	水田農業確立対策（前期）	1987～89年	793	29.3	609	76.7	383	120	106	185
⑤－2	水田農業確立対策（後期）	1990～92年	817	30.8	560	68.5	317	126	117	258
⑥	水田営農活性化対策	1993～95年	655	25.2	391	59.8	187	119	86	263
⑦	新生産調整政策	1996～97年	679	26.6	456	67.2	218	130	109	223
⑧	緊急生産調整政策	1998～99年	958	38.1	543	56.7	265	125	153	415
⑨	水田農業経営確立対策	2000～03年	986	40.0	588	59.6	305	128	155	398

資料：農林水産省資料により作成。

注：１）表中の値は各対策期間の平均値である。

２）実施率は田本地面積に占める生産調整実施面積の割合。なお、田本地とは田面積から畦畔を除いた面積。

３）転作率は生産調整実施面積に占める転作実施面積の割合。

４）重要３作物は、飼料作物、麦、豆類の作付面積の合計。

５）非転作とは、水田預託、自己保全管理、調整水田、多面的機能水田、他用途利用米、実績算入等の合計。

６）実績算入とは、水田を稲作以外の用途に利用すること、またはこれに準ずることを指す。具体的には、土地改良事業、道路整備事業、宅地造成事業等の場合。

し、田本地利用率は１９９８年に97％となった。また、集団転作が解消されるケースもみられた。その後、対策⑧、⑨において再び生産調整が強化され、２００３年産ではついに生産調整目標面積が１００万㌶を超えることになった。その過程で転作面積も再び増加したが、生産調整面積の増加分を消化できなかったため、非転作面積も増加した。

以上のように、１９７０年代末から80年代を通じて水田において飼料作物、麦類、大豆などの土地利用型作物や野菜の作付増加がみられたが、80年代末からは作物を作付しない水田面積（非転作面積）が増加したことにより、生産調整政策が水田の有効利用とは結びつかなくなったのである。

第2節　２００４年産以降の生産調整の転換

1　米政策改革と需給調整政策の転換

以上のように、従来の方法での生産調整への限界感が強まったことを背景に、農林水産省は生産調整政策のみならず米政策全般にわたる抜本的見直しの検討に着手し、２００２年11月に「米政策改革大綱」を決定し、２００３年度から具体化を進めた[6]。この「米政策改革大綱」では、「米を取り巻く環境の変化に対応し、消費者重視、市場重視の考え方に立って、需要に即応した米づくりの推進を通じて水田農業の安定と発展を図る」ことが目的とされた。需給調整政策については、それまでの生産調整面積の配分から生産数量目標（その面積換算）の配分（ポジ配分）に２００４年産から転換するとともに、２００８年産からは国の支援（需給情報の提供など）および都道府県、市町村の助言・指導のもとで、農業者・農業者団体が主体的に需給調整を実施するシステムに移行することとした（実際には２００７年産から移行）。その結果、表２－２に示したように過剰作付面積が増加し、

表2-2　主食用米の需給調整の動向

（単位：万トン、万ヘクタール、円/60キログラム）

年産	生産数量目標 ①	主食用米生産量 ②	超過数量 ②－①	①の面積換算 ③	主食用米作付面積 ④	超過面積 ④－③	作況指数	米価
2004	857	860	2	163.3	165.8	2.5	98	16,660
2005	851	893	42	161.5	165.2	3.7	101	16,048
2006	833	840	7	157.5	164.3	6.8	96	15,203
2007	828	854	26	156.6	163.7	7.1	99	14,164
2008	815	865	50	154.2	159.6	5.4	102	15,146
2009	815	831	16	154.3	159.2	4.9	98	14,470
2010	813	824	11	153.9	158.0	4.2	98	12,711
2011	795	814	19	150.4	152.6	2.2	101	15,215
2012	793	821	28	150.0	152.4	2.4	102	16,501
2013	791	818	27	149.5	152.2	2.7	102	14,341
2014	765	788	23	144.6	147.4	2.8	101	11,967
2015	751	744	－7	141.9	140.6	－1.3	100	13,175
2016	743	750	7	140.3	138.1	－2.2	103	14,307
2017	735	731	－4	138.7	137.0	－1.7	100	15,590

資料：農林水産省「米をめぐる関係資料」2018年7月により作成。
注：米価は2005年産までは入札取引価格、2006年産以降は相対取引価格。また、包装代・消費税を含む価格であり、消費税は2014年3月までは5パーセント、同年4月以降は8パーセント。

２００７年産米価格の大幅な下落につながった。

そこで、２００７年10月には「米緊急対策」が決定され、生産調整の実効性を確保するために行政の関与を再び強めるとともに、米粉用米、飼料用米、飼料用稲（稲ホールクロップサイレージ（ＷＣＳ用稲））、バイオエタノール米などの「新規需要米」を生産調整にカウントし、助成金によって「新規需要米」への転換を誘導することにより、生産調整の達成が目指された。これ以降、生産調整は、従来からの飼料作物、麦類、大豆などへの転作に加えて、主食用以外の米（新規需要米、加工用米）の生産拡大によって進められることになったのである。この方向は、政権交代（２００９年９月：自民党・公明党から民主党へ、12年12月：民主党から自民党・公明党へ）を経ながらも、２００９年度「水田等有効活用促進対策」、10年度「水田利活用食料自給力向上対策」、11年度からの「水田活用の所得補償交付金」、14年度からの「水田活用の直接支払交付金」へと引き継がれている。

２　米転作による生産調整

この間の需給調整システムの大きな変化の一つは、「水田利活用食料自給力向上対策」以降の転作作物への助成が、それまで生産調整の実施を要件としていたものから、生産調整とは切り離して助成されるようになったことである。二つには、飼料用米、米粉用米への助成単価が、「水田等有効活用促進対策」の10アール当たり５・５万円から「水田利活用食料自給力向上対策」では８万円に、さらに「水田活用の直接支払交付金」では面積払いと数量払いの併用により最高10・５万円（10アール当たり収量６８０キログラムの場合、多収性品種を作付した場合は＋１・２万円）に引き上げられたことである。また、ＷＣＳ用稲に対しても８万円の助成が行われている。他方で、従来からの転作作物であった麦・大豆・飼料作物への助成は３・５万円に据え置かれた。

以上の二つの点から、水田における新規需要米の作付面積が、２００８年産１・２万ヘクタールから12年産６・８万ヘクタールへ、さらに17年産では14・３万ヘクタールへと大幅に増加した（表２―３）。特に増加したのは飼料用米であり、ＷＣＳ用稲も増加している。他方で、水田での麦類作付面積（裏作を含む）は２００８年16・６万ヘクタールから16年17・３万ヘクタールへの微増にとどまっており、同じ期間に豆類は13・４万ヘクタールから12・４万ヘクタールへ、野菜は14・７万ヘクタールから14・０万ヘクタールへと、いずれも微減している。したがって、水田の多面的利用による食料自給率向上・自給力強化の課題は、主として飼料用米とＷＣＳ用稲による水稲の畜産的利用によって追求されたことになり、しかも高額の交付金に支えられたものである。その結果、２０１５年産ではポジ配分に移行した２００４年産以降ではじめて主食用米作付面積が生産数量目標の面積換算を下まわることになった。

３　水田作経営安定対策の展開

前述したように、１９９８年産から自主流通米入札取引の値幅制限が撤廃されたこととセットで経営安定対策が実施されることになった。

経営安定対策は複雑な経過をたどっており[7]、1998年からの稲作経営安定対策（対象の限定なし）、2004年産からの稲作所得基盤確保対策（対象の限定なし）、担い手経営安定対策（対象を担い手に限定）を経て、「経営所得安定対策大綱」（2005年10月）に基づいた品目横断的経営安定対策[8]（対象を担い手に限定）によって、品目別の対策から経営全体を対象にした経営安定対策へと移行した。しかし、これらの政策は、いずれも基準期間の平均収入と当年産の収入との差額に対して、その何割かを補填するものであった（たとえば、水田経営所得安定対策では9割）。このような方法では、米価が下落を続けている場合には基準となる平均収入も低下することから、経営安定対策としての効果は限定的であった。また、品目横断的経営安定対策は、対象を一定の面積要件を満たす認定農業者等に限定し、多くの農業者を排

表2-3　水稲作付面積と新規需要米等の作付面積の推移

（万ヘクタール）

年産	水稲作付面積		新規需要米等作付面積								
		主食用米	計	加工用米	新規需要米						備蓄用米
					小計	米粉用米	飼料用米	WCS用米	新市場開拓用米	その他	
2008	164.0	159.6	4.0	2.7	1.2	0.0	0.1	0.9	0.0	0.1	0.0
2009	164.0	159.2	4.4	2.6	1.8	0.2	0.4	1.0	0.0	0.1	0.0
2010	166.0	158.0	7.5	3.8	3.7	0.5	1.5	1.1	0.1	0.1	0.0
2011	163.0	152.6	10.6	2.8	6.6	0.7	3.4	2.3	0.1	0.1	1.2
2012	163.0	152.4	11.3	3.3	6.8	0.6	3.5	2.6	0.1	0.1	1.2
2013	164.1	155.2	10.7	3.8	5.4	0.4	2.2	2.7	0.1	0.0	1.5
2014	164.7	147.4	15.3	4.9	7.1	0.3	3.4	3.1	0.2	0.1	3.3
2015	162.3	140.6	21.7	4.7	12.5	0.4	8.0	3.8	0.3	0.0	4.5
2016	161.1	138.1	23.0	5.1	13.9	0.3	9.1	4.1	0.3	0.0	4.0
2017	160.0	137.0	22.9	5.2	14.3	0.5	9.2	4.3	0.3	0.0	3.5
2018	159.1	138.6	20.4	5.1	13.1	0.5	8.0	4.3	0.4	0.0	2.2

資料：農林水産省「新規需要米等の用途別作付・生産状況の推移」、「加工用米の取り組み計画認定状況」による。

注：1）新市場開拓用米には、輸出用米の他にバイオエタノール用米（2008年産～2014年産）、酒造用米（2014年産～2017年産）を含む。
2）新規需要米等計は加工用米、新規需要米、備蓄用米の合計。
3）2018年産は計画ベース。
4）四捨五入のため合計が一致しない年産がある。

除したことへの批判が強まった。

そこで、２００９年9月に政権の座についた民主党によって、２０１０年産からは主食用米の需給調整に参加した販売農家、集落営農を対象にした農業者戸別所得補償制度（２０１０年産は米戸別所得補償モデル事業）によって、①水田活用の所得補償交付金（対象作物は水田に作付けされた主食用稲以外の作物）、②畑作物の所得補償交付金（対象作物：麦、大豆、てんさい、でん粉原料用ばれいしょ、そば、なたね）、③米の所得補償交付金（10アール当たり1万５０００円）、④米価変動補填交付金、を組み合わせた経営安定対策へと移行した。

その後、自公政権への再交代によって、２０１３年産から「経営所得安定対策」へと名称の変更が行われ、２０１４年産からは、③の米の所得補償交付金は２０１４年産から単価を半額にし、２０１８年産からは廃止、④の米価変動補填交付金を２０１４年産から廃止するとともに、認定農業者、認定新規就農者、集落営農を対象（面積規模要件なし）にした畑作物の直接支払交付金（ゲタ対策）、米・畑作物の収入減少影響緩和対策（ナラシ対策）へと再編された。また、①は水田活用の直接支払交付金に名称が変更された。さらに、２０１９年1月から収入保険制度が導入され、農業者は収入減少影響緩和対策や農業共済などの類似制度とどちらかを選択して加入することになるが、対象は青色申告を行っている農業者に限定されている。

こうして、２０１４年産以降の経営所得安定対策は、再び対象を担い手（認定農業者等、ただし面積要件なし）に限定した対策となり、選別的・構造改革促進的な性格を強めている。

しかし、農業政策がめざす担い手である「効率的かつ安定的な農業経営」（食料・農業・農村基本法第21条）においても、現在の市場条件のもとでは農産物の販売収入だけでは農業所得を確保することができず、各種交付金によって農業経営が支えられている現実が指摘されているように(9)、安定的な存在とはいえない(10)。その意味で、経営所得安定対策の拡充は不可欠であり、特に農業経営の成長をめざす農業者を支援する経営所得安定対策が求められるであろう。

第3節　需給調整政策の転換と水田農業

1　2018年産からの需給調整政策の転換

2012年12月に再び政権の座に着いた自民党・公明党政権は、成長戦略の目玉の一つに農業改革を位置づけ、13年12月に「農林水産業・地域の活力創造プラン」を決定した。

水田フル活用と米政策の見直しのうち、水田フル活用は前述のとおりであるが、同時に米政策の見直しによって、需給調整に関しては2018年産から行政による生産数量目標の配分に頼らずとも農業者・農業者団体が中心になって需給調整（生産調整）を行うシステムに移行することとした。

2018年度からの需給調整にあたって、同年4月1日に改定された「需要に応じた米の生産・販売の推進に関する要領」では、基本的考え方を「生産者や集荷業者・団体は、国が策定する主食用米の全国の需給見通しや国が提供するきめ細かい需給・価格情報、販売進捗・在庫情報等を踏まえ、自主的な経営判断により、水田活用の直接支払交付金の活用による飼料用米、麦、大豆等の戦略作物（以下単に「戦略作物」という。）等の生産拡大や、中食・外食等のニーズに応じた生産と安定取引の一層の推進等を図ることを通じて、需要に応じた生産・販売に取り組む」こととしており、国による情報提供を踏まえた自主的な経営判断による需要に応じた生産・販売に取り組むことが強調されている。この点、「経営判断等の基礎となる需給・価格情報を踏まえ、農業者や産地が、自らの判断により適量の米生産を行う等、主体的に需給調整が実施されていること」（農林水産省「米政策改革基本要綱」2003年7月）を、「米づくりの本来あるべき姿」における需給調整システムとした「米政策改革」への再転換、いわば先祖返りである。そこで思い起こされるのは、「米政策改革」によって生産調整が弛緩し、特に新しい需給調整システムへの移行初年度の２００７年産において過剰作付けが大幅に増加し、同年産米価が大幅に下落したことである。

２　２０１８年産需給調整をめぐる新たな局面

ただ、２００７年当時と２０１８年との間には次の相違点が存在する。

第１に、２００７年産の場合は過剰作付が増加傾向にあるなかでの新システムへの移行であったのに対して、２０１８年産では新規需要米による米転作の増加によって２０１５年産以降、３年続けて過剰作付が解消された状況で新システムへの移行を迎えたことである。第２に、２００７年産では過剰作付の増加によって米価が下落する傾向にあったが、２０１８年産では米価が上昇傾向にあることである。第１の点は主食用米以外の作物への作付転換のインセンティブの違いであり、２０１８年産の方が需給調整にとってプラスに作用する要因と考えられる。後者は逆に主食用米作付の増加へのインセンティブとなるものであり、需給調整にとってはマイナスに作用する要因と考えられる。

さらに、２０１８年産には次の新たな情勢も生じている。第３には、米価上昇のもとで米需要の減少が加速化していることである。これまで農林水産省は、主食用米需要が年８万㌧程度減少しているとしてきたが、近年は２０１５年産以降米価の上昇が続いていることや、人口減少によって需要量が２０１４／15年７８３万㌧から２０１５／16年７６６万㌧（17万㌧減少）、２０１６／17年７５４万㌧（12万㌧減少）、２０１７／18年７４０万㌧（14万㌧減少）へと、減少幅が大きくなっている。需要量減少の加速化は、当然のことながら全体需給にマイナスに作用する。第４に、米の直接支払交付金（２０１７年産７５００円）が２０１８年産から廃止されたことである。

これは、生産数量目標の面積換算値に従って生産することが交付の要件であり、半額に減額されたとはいえ生産調整実施のインセンティブ措置であった。主食用米から交付金単価の高い新規需要米への移行を促すか、あるいは逆に交付金の減額分を主食用米の作付拡大によってカバーしようとするか、両面に作用する可能性がある。第5には、農業従事者の高齢化が２００７年当時と比較していっそう進んでいることである。これは、主食用米のみならず新規需要米等に対してもマイナスに作用することになる。

3　２０１８年産米の需給調整の検証

では、結果的に２０１８年産の主食用米作付がどのようになったのだろうか。生産調整政策の転換は、実効性を持ち得たのであろうか。最後にこの点について検証することにする。その際に、２０１８年産の場合は、そもそも生産数量目標が示されていないため、比較の対象に２０１７年産主食用作付面積を用いる。

農林水産省が公表した２０１８年産の主食用米の作付面積と予想収穫量は、全国ベースで作付面積１３８・6万㌶、予想収穫量７３２・7万㌧（作況指数98）であり、作付面積は前年比１・６万㌶増加、予想収穫量は２・1万㌧増加である。２０１５年産以降、生産数量目標の換算面積を下まわっていた主食用米作付面積が、再び増加したが、作況指数が98に低下したこと、特に大産地である北海道90、新潟95、秋田・山形96となったことなどから、作付面積の増加率に比べて予想収穫量の増加率は低いものになった。ただ、もし平年作を前提にした場合には、全国ベースでの予想収穫量は10万㌧程度増加している可能性もあった。

主食用米作付の反面で、前掲表２－３に示したように、新規需要米等の作付面積は２・５万㌶減少し、飼料用米（1・2万㌶減少）と備蓄用米（1・3万㌶減少）がその大部分を占めている。したがって、２０１８年産では飼料用米、備蓄用米から主食用米への転換がすすんだことになる。

地域別に見ると（表2―4）、東北、北陸、関東をはじめ北日本・東日本で作付面積が増加しているが、西日本では減少しており、２０１７年産の過剰作付の傾向とほぼ同様である。都道府県別には、２０１７年産では生産数量目標の面積換算に対して超過11県、減少36都道府県であったのが、２０１８年産では２０１７年産作付面積に対して増加20道県、増減なし7県、減少20都府県となっている。増加面積が多い県は、秋田５５００㌶、新潟４４００㌶、岩手１８００㌶、青森１６００㌶、福島１３００㌶、栃木１１００㌶、宮城１０００㌶である。

こうして、主体的需給調整初年度の２０１８年産では、北日本・東日本を中心に主食用米生産への回帰がみられた。しかし、表２－４によって２０１７年産主食用米作付面積に対して２０１８年産作付面積が増加した地域農業再生協議会数をみると、全国ベースでは２０１７年産で過剰作付となった協議会数を大きく上まわっている。地域別にみても、四国を除くいずれの地域でも２０１７年産で過剰作付となった協議会数を上まわっている。表示をしていないが、都道府県別では41道県で上まわっている。したがって、主食用米回帰の傾向は強弱の差はあってもほぼ全国的にみられたことになる。このことも過剰作付が全国化した２００７年産を想起させる事態である。

２０１８年産の作付動向に関しては詳細な分析ができないが、主食用米需要の減少が加速化する中で、主食用米回帰の傾向が全国的にさらに顕在化すれば、過剰生産が表面化する可能性もある。２０１８年産からの需給調整はすでに初年度においてほころびを見せてはじめており、２０１９年産でその実効性が問われることになる。

第4節　水田農業政策の課題

本章では、水田農業政策の展開を歴史的に振り返るとともに、２０１８年産の需給調整政策の実効性を検証した。

表2-4　2017年産と2018年産の生産調整の実施状況

（全国計：万ヘクタール、地域：ヘクタール）

	2017年産					
	数量目標面積換算	主食用作付面積	超過作付面積	地域農業再生協議会数		
				計	達成	未達
全国計	138.7	137.0	−2.0	1,492	1,218	274
北海道	98,985	98,600	−385	113	100	13
東北	342,197	334,300	−7,897	213	196	17
関東	210,557	221,131	10,574	241	147	94
北陸	176,494	180,100	3,606	81	55	26
東山	35,481	36,180	699	82	74	8
東海	92,034	90,500	−1,534	140	91	49
近畿	100,151	99,490	−661	197	172	25
中国	104,855	101,100	−3,755	98	91	7
四国	51,089	49,500	−1,589	87	66	21
九州・沖縄	175,487	159,527	−15,960	240	226	14

	2018年産				
	主食用作付面積	作付増加面積	地域農業再生協議会数		
			計	増加	減少
全国計	138.6	1.6	1,487	826	661
北海道	98,900	300	112	63	49
東北	345,500	11,200	212	57	155
関東	223,113	1,982	237	131	106
北陸	184,800	4,700	81	27	54
東山	36,120	−60	83	54	29
東海	91,000	500	140	71	69
近畿	99,460	−30	197	134	63
中国	101,100	0	98	60	38
四国	49,000	−500	87	66	21
九州・沖縄	156,916	−2,611	240	163	77

資料：農林水産省「平成29年産米の作付状況等について」2017年9月15日現在、「平成30年産の水田における作付状況について」2018年9月15日現在、「地域農業再生協議会別の作付状況」（2018年9月15日現在）により作成。

注：1）2017年産の地域農業再生協議会数は、2017年産生産数量目標の面積換算を達成、未達成（過剰作付）した協議会数であり、「平成29年産米の作付状況等について」で農林水産省が公表した値。

2）2018年産の地域農業再生協議会数は、2018年産の主食用米作付面積に対して増加、減少した協議会数であり、「地域農業再生協議会別の作付状況」に基づいて筆者がカウントした値。その際に、わずかでも増減していれば増加、減少とカウントした。

水田農業政策のなかで米流通政策は、改正食糧法の施行によって流通が自由化されたことによって役割を終えた。また、価格政策でも、政府米買入価格の価格支持機能は１９８７年産からの引き下げと食糧法による政府米機能の備蓄への限定によって失われ、自主流通米価格においても１９９８年産以降の入札取引での値幅制限の撤廃によって価格安定機能を失った。それ以降の価格安定機能は需給調整政策に、価格変動によって生じる水田作経営への影響の緩和は経営所得安定対策に、それぞれ委ねられることになったのである。

その需給調整においても、米政策改革が指向した農業者・農業者団体による主体的な需給調整システム、言い換えれば政府が直接的な関与を行わない需給調整システムへの再転換が行われた。経営所得安定対策においても米の所得補償交付金の廃止によって直接的な所得確保政策がなくなり、水田活用の直接支払交付金による間接的な所得確保対策へと移行した。また、水田利用政策の柱は、これに支えられた新規需要米等、特に飼料用米やＷＣＳ用稲による水稲の畜産的利用であり、麦類や大豆の作付は停滞している。しかし、水田活用の直接支払交付金の削減や廃止が財界や財政制度等審議会などから要求されており[11]、継続性を持ち得るかは予断を許さない。

これらの動きを貫いているのは新自由主義的な規制改革の流れであり、同時に「公共」の領域からの国・行政の撤退である。しかし、食料がすべての人にとっての必需財である以上、その生産や流通は公共性をもつものである。食料・農業・農村基本法が目標とする食料自給率の向上に向けて、わが国農業の重要な生産基盤である水田を公共財と位置づけ、いっそう活用するための政策のあり方が問われている。

需給調整政策においては、その責任を農業者・農業者団体のみに負わせるのではなく、改正食糧法の規定に基づいて政府の関与のあり方を見直す必要がある[12]。同時に、新規需要米等への助成を中長期的に継続・拡充していくことで米の多用途利用を促進していくことが必要であろう。また、米以上に市場条件が悪く、生産が停滞している麦類や大豆、飼料作物に対しても、米と同等以上の支援措置が必要である。経営安定対策においても、ゲタの復活を含めてその拡充が課題となる。

注

（1）改正食糧法においても、米の供給が大幅に不足するような緊急時には、出荷・販売業者に対する販売等の制限や生産者に対する政府への売り渡しに関する命令を発することや、消費者への割当て・配給が可能になる規定は残されている（第37条～第40条）。

（2）1960年の消費支出に占める米の割合は10・3％、食料費に占める米の割合は23・6％（総理府統計局「家計調査」）、農業産出額に占める米の割合は47・4％（農林水産省「生産農業所得統計」）。

（3）農林水産省「農村物価賃金統計」による生産者庭先価格は、1980年産では政府米1万7594円、自主流通米1万9810円、自由米1万7030円であったが、1985年にはそれぞれ1万8552円、2万1710円、1万9230円となり、政府米と自主流通米の価格差が拡大したとともに、政府米と自由米の価格が逆転した。

（4）入札取引は2004年産から上場義務が廃止されたことから上場数量、落札数量ともに減少し、2010年産をもって廃止された。

（5）米需給調整政策と水田利用政策の展開に関しては、荒幡克己『減反40年と日本の水田農業』農林統計出版、2014年、に詳しい。なお、本項の内容は、田代洋一『戦後レジュームからの脱却農政』筑波書房、2014年、第3章、および拙稿「水田農業の確立と産地の課題」藤田武弘・内藤重之・細野賢治・岸上光克『現代の食料・農業・農村を考える』ミネルヴァ書房、2018年、123～128頁を基にした。

（6）本項の内容は、小針美和「米政策の推移――米政策大綱からの15年を振り返る」『農林金融』2018年1月号、を参照した。

（7）本項の内容は、小野前掲稿、133～134頁を基にした。

（8）品目横断的経営安定対策は2007年産の名称。2008年産からは都府県「水田経営所得安定対策」、北海道は「水田・畑作経営所得安定対策」へと名称変更。

（9）小池恒男「「30年問題」とは何か」『地域農業と農協』第47巻第2号、農業開発研修センター、12～14頁、小針前掲稿、57

～59頁。

(10) 梶井功は、効率的な経営体が同時に安定的な経営体であるためには一定の価格条件が必要であり、その条件が満たされない場合には何らかの価格・所得支持政策が必要であることを指摘している（同「米政策改革に問われるもの」梶井攻編集代表・谷口信和編集担当『日本農業年報50　米政策の大転換』農林統計協会、２００４年、5～6頁）。

(11) 日本経済調査協議会「日本農業の20年後を問う～新たな食料産業の構築に向けて～」（２０１７年5月）は、飼料用米等への交付金は政府による市場介入であり、早急に廃止すべきであると主張している（8頁）。また、財政制度等審議会財政制度分科会「平成31年度予算の編成等に関する建議」（２０１８年11月20日）は、水田活用の直接支払交付金の政策目的を再考するとともに、交付金の制度設計のあり方を検討すべきであるとしている。

(12) 改正食糧法でも、政府が生産調整の円滑な推進を図ること（第2条第1項）、政府による生産調整方針の認定（第5条）と生産調整方針の作成と適切な運用のための助言・指導（第6条）、という規定は残されている。

第3章

10年後に改革完成をめざしてきた農業構造政策の願望と現実――四半世紀の総括――

谷口信和

第1節　日本農業の構造変化と農業構造政策の役割の変化

1　現在進行形の農業構造政策

2015年3月に閣議決定された「食料・農業・農村基本計画」は図3－1のような担い手の姿を示し、10年後（2025年）の望ましい農業構造の姿を描いた。つまり、基本法第21条が規定する「効率的かつ安定的な農業経営」（主たる従事者が他産業従事者と同等の年間労働時間で地域における他産業従事者と遜色ない水準の生涯所得を確保し得る経営）になっている経営体及びそれを目指している経営体の両者を併せて、担い手とするとした。ここで、効率的かつ安定的な農業経営を目指している経営体とは、①「認定農業者」（個人、法人、リースによる参入企業）、②将来認定農業者となると見込まれる「認定新規就農者」、③将来法人化して認定農業者となることも見込まれる「集落営農」（任意組織）の三つからなるとされ、これらの担い手の農地利用面積が過去10年間（２００４～14年）で全農地面積の３割から５割まで増加している中で、２０２５年までに全農地面積の８割が担い手によって利用される農業構造の確立を目指すとした。これが現在進行形の農業構造政策のエッセンスである。

その際、第1に、担い手の数よりも担い手等の農地カバー率をメインとして10年後を展望すること、第２に、農業就業者（基幹的農業従事者及び雇用者）の年齢構成を重視し、農業労働力の見通しも提示するところに今回の

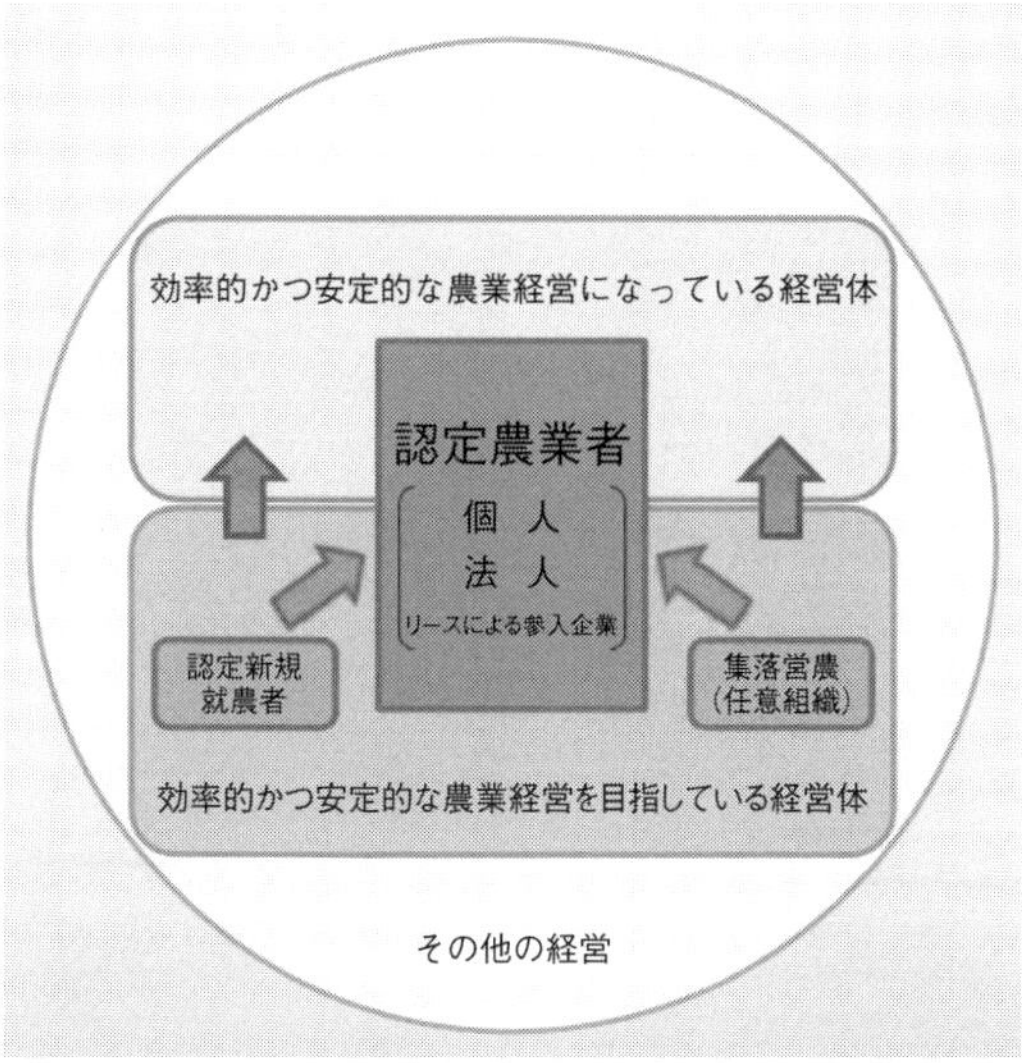

図 3-1　担い手の姿

出所：「食料・農業・農村基本計画」（平成 27 年 3 月閣議決定）参考資料「農業構造の展望」2 ページ。

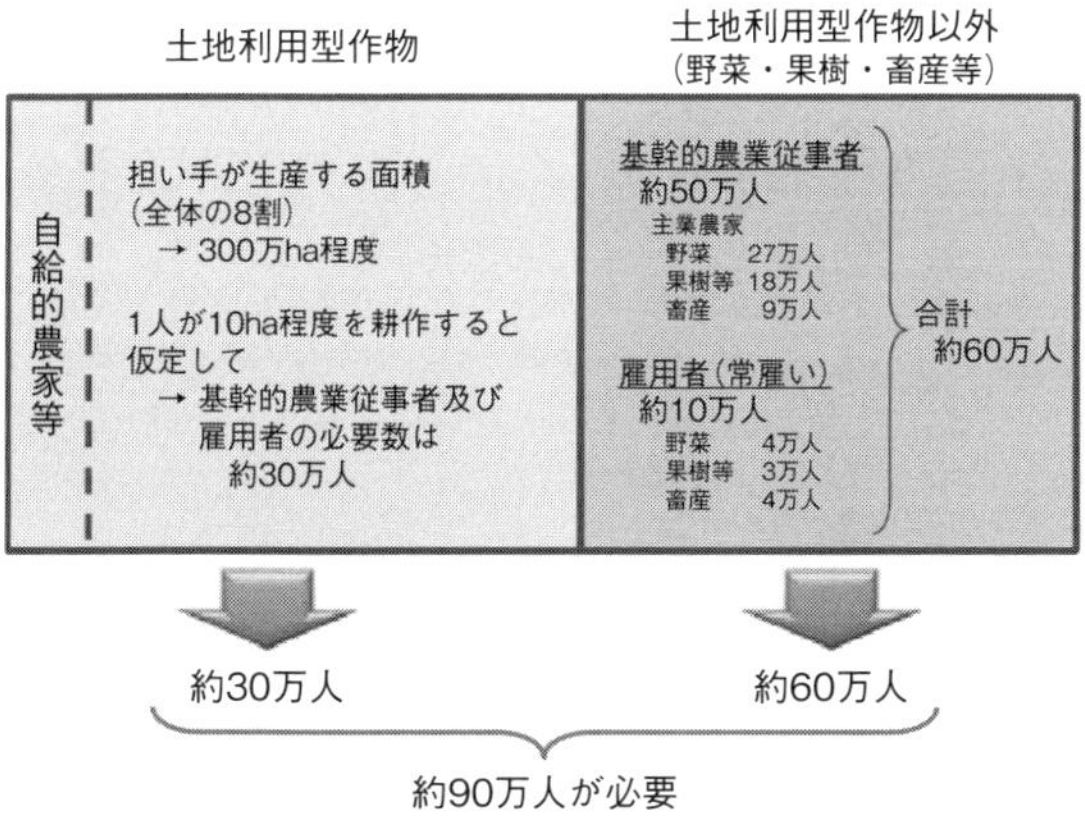

図 3-2　農業就業者の必要数

出所：同前、2 ページ。

基本計画の特徴があるとした。後者については図3－2のように、土地利用型作物においては基幹的農業従事者及び雇用者の必要数を約30万人、野菜・果樹・畜産等の土地利用型作物以外では基幹的農業従事者約50万人と雇用者（常雇い）約10万人で計約60万人、全体で約90万人が必要であり、青年層の若い新規就農者が定着ベースで倍増することを前提とすると確保可能だという試算を示した。

本章はこうした現行の農業構造政策がとくに1992年の新政策（新しい食料・農業・農村政策の方向）以降の政策展開の中でいかなる位置にあり、意義と課題を有しているかについて、1961年の農業基本法以来の農業構造の変化と農業構造政策の系譜の俯瞰的な検討を通じて明らかにすることを狙いとしている。

2 日本農業の構造変化と農業構造政策の役割変化

ところで、日本農業において農業構造政策を初めて本格的に導入したのは農業基本法（1961年）であり、これを準備した農林漁業基本問題調査会監修の『農業の基本問題と基本対策〔解説版〕』（1960年）は政策体系全般についての詳細な理論的検討を行っている。そこでの指摘から、2点を取り上げておきたい。

第1は農業の基本問題解決の方向を所得の均衡・生産性の向上・構造改善の3点セットに求め、構造改善は前二者を実現する上で不可欠の根本的な政策と位置づけている点である（32～40頁）。その際、ここで、注目するのは生産性の向上である。生産性の向上は生産量の増加を伴うことが多いから、それが過剰生産とならないようにするためには、生産政策として「選択的拡大」という立場が必要だと指摘しているからである。すなわち、構造改善は農産物過剰への到達という時代的状況を踏まえて、需要構造に対応した選択的拡大による生産政策の方向性に沿った形で行われねばならないとされているのである。

第2は、構造改善の目標を新しい近代的家族経営＝自立経営の育成におきつつも、協業組織（生産行程の部分的協業化）や協業経営（生産行程の全面的協業化）といった家族経営の協業化を通じて生産性と収益性の同時並行的向上を求めるとした点である。ここで注目したのはたとえば、「畜産、果樹作等、農業の内部でも成長部門に属する経営の発展にとっては、協業組織の役割にまつところが大きい」とか、「協業経営については…生産の専門的分化と、大量生産、大量取引を有利ならしめる経済的条件の成熟度とに対応して、畜産や果樹あるいはまた稲作などすくなくとも農業経営の一部門について全生産工程を協業化するものである」と指摘し、企業形態の選択を生産政策＝選択的拡大と関連づけて理解しようとしていることである（179～182頁）。

以上の2点は、農業構造政策がその時々の農業をめぐる基本的な課題とともに農業生産の発展方向と関連づけられながら、一方では所得均衡と生産性の向上に、他方ではそれを首尾よく実現できる企業形態の経営の創出に向けられねばならないということを指し示している。そこで、現在の農業構造政策の役割と意義を考える上で必要な日本農業の基本問題を整理し、生産構造について、農業産出額の構成・農作物作付延べ面積・農地面積の賦存状態の視点から簡単にふれておくことにしよう。

さて、今日の日本農業は、投入と産出をめぐる三つの局面における過剰（飽食）と不足（飢餓）の並存構造の支配下にある[1]。第1は、食用米の恒常的な過剰と他方での飼料穀物の恒常的な不足である。第2は、耕作放棄地に象徴的に示される農地の過剰と他方での土地利用型農業における農地の不足（規模拡大の制約）である。そして、第3に、膨大な食品ロスにみられる食品全体の過剰と他方での食料自給率の異常な低位性に示される食料不足である。こうした構造を先ず農業産出額の構成変化から確認しておこう。

表3－1によれば、第1に、2000～05年頃に、産出額割合の第1位が米・麦・大豆（土地利用型農業）から畜産にシフトし、耕種部門が全体として60％台にまで低下する転換点を迎えたことが明らかである。第2に、2010年からは野菜（園芸）が畜産に次いで第2位に躍進し、畜産と野菜で60％を超える新たな局面に移行し

表 3-1　農業産出額の部門別構成割合（%）の推移

年	耕種						畜産					
	計	米・麦・豆	野菜	果樹	花卉	工芸作物	計	肉用牛	乳用牛	豚	鶏卵	鶏肉
1960	80.5	55.4	9.1	6.0	0.5	4.3	18.2	2.0	3.3	2.9	5.6	0.7
1970	73.3	40.1	15.9	8.5	0.9	4.4	25.9	2.1	6.1	5.4	6.6	2.3
1980	67.9	32.5	18.6	6.7	1.7	4.8	31.4	3.6	7.9	8.1	5.6	3.9
1990	72.2	30.1	22.5	9.1	3.3	3.7	27.2	5.2	7.9	5.5	4.2	3.3
1995	75.1	32.0	22.9	8.7	4.2	3.7	24.1	4.3	7.6	4.8	3.9	2.8
2000	72.3	27.9	23.2	8.9	4.9	3.7	26.9	5.0	8.4	5.1	4.7	3.0
2005	69.8	25.6	23.9	8.5	4.7	3.6	29.4	5.6	9.2	5.9	5.1	3.0
2010	67.9	20.5	27.7	9.2	4.3	2.6	31.4	5.7	9.5	6.5	5.4	3.7
2015	63.9	18.3	27.2	8.9	4.0	2.1	35.4	7.8	9.5	7.1	6.2	4.1

出所：「生産農業所得統計」による。
注 1）濃い網掛けは序列第 1 位、薄い網掛けは第 2 位の箇所を示す。

表 3-2　農作物作付延べ面積の構成（万 ha）

年	田畑計		稲		麦		豆類		野菜		果樹	工芸作物		飼肥料作物		田畑計・耕地利用率%	
	田	畑	田	畑	田	畑	田	畑	田	畑	畑	田	畑	田	畑	田	畑
1960	812.9		330.8		152.0		64.2		81.2		27.4	44.9		53.6		132.6	
1970	631.1		292.3		48.3		33.8		83.8		41.6	25.7		73.6		108.9	
	336.3	294.8	283.5	8.8	19.9	28.4	2.7	31.1	12.1	71.7		3.2	22.4	14.9	58.7	98.5	123.8
1980	570.6		237.7		32.0		26.1		76.2		40.8	26.2		103.4		104.5	
	306.7	263.9	235.0	2.7	20.9	11.0	9.8	16.3	15.5	60.7		3.1	22.4	18.9	58.7	100.4	123.8
1990	534.9		207.4		36.9		25.7		73.6		34.6	23.1		109.6		**102.0**	
	286.9	248.0	205.5	1.9	24.2	12.6	12.8	12.9	17.7	55.9		2.0	21.1	19.8	89.8	**100.8**	**103.5**
1995	492.0		211.8		25.7		15.6		66.9		31.5	20.5		101.3		**97.7**	
	263.9	228.0	210.6	1.2	12.8	12.9	5.3	10.3	15.9	51.0		1.4	19.0	13.8	87.5	**96.1**	**99.4**
2000	456.3		177.0		29.7		19.2		62.0		28.6	19.1		102.6		94.5	
	245.0	211.3	176.3	0.7	16.3	13.4	10.9	8.3	16.1	45.8		1.1	18.0	18.2	84.4	92.8	96.5
2005	438.4		170.6		26.9		19.4		56.3		26.5	17.8		103.0		93.4	
	237.9	200.5	170.1	0.5	16.7	10.1	12.1	7.3	15.0	41.3		1.0	16.8	16.9	86.2	93.1	93.9
2010	423.3		162.8		26.6		18.9		54.8		24.7	16.7		101.2		92.2	
	230.3	193.0	162.5	0.3	16.7	9.9	12.6	6.3	14.6	40.2		0.9	15.8	16.5	84.7	92.3	92.0
2015	412.7		150.6		27.5		18.8		52.6		23.0	15.1		107.2		91.8	
	226.3	186.4	150.4	0.1	17.1	10.3	12.3	6.5	14.1	38.6		0.6	14.5	25.2	82.0	92.5	90.9

出所：「耕地及び作付面積統計」による。
注 1）網掛けは個別作物の作付面積のうちの田または畑の多い方に付けた。耕地利用率 100%を切る前後を太字にした。

たといえる。

このことは米生産が食用米中心主義から脱して飼料用米やWCS用稲を軸とした飼料生産へ移行し、食料消費上の意義を増しつつある畜産の国内飼料基盤の確保に向けて貢献すべき歴史的課題に直面しつつあることを示している。それは畜産のうちでも、飼料用米への適合性が高い豚・鶏卵・鶏肉といった中小家畜部門において産出額シェアの高まりが著しいことに対応するものに他ならない。

次に表3―2によって、作付延べ面積の推移をみると、第1に、1990～95年を転換点として、耕地利用率が田畑ともに100%を切る局面に突入し、二毛作を重要な特徴とした日本農業の農地利用構造に重大な変化が生まれたことが指摘できる。しかも、2010年以降は畑の利用率が田を下回る新たな状況に突入している。

第2に、田における稲の作付面積は1970年の283・5万ヘクタルから2015年の150・4万ヘクタルにほぼ半減しただけでなく、作付割合は84・2%から66・5%に後退し、稲作付地としての水田の意義が大きく低下した。反対に1980年以降はまず麦で、2000年以降には豆類でも畑より田の作付面積が多くなる状況に移行し、水田における麦・大豆作や飼（肥）料作物（飼料用米の影響がある）といった畑地的利用や畜産的利用の意義が拡大しつつある。

第3に、全般的に作付面積が減少してきた野菜は畑での減少が著しく、相対的には田の作付が維持されており、畑の露地野菜の作付減少とガラス・ハウスなどの施設栽培による代替が進行しているものとみられる。

以上の事実は、一方で田における米・麦・大豆の二年三作体系の普及と畜産的土地利用の拡大（飼料用米等）、他方で畑における飼（肥）料作物の作付拡大の可能性を示唆しており、耕畜連携を軸とした新たな地域農業における担い手の組織化の課題を提起しているということができる。

さらに、農地の賦存状態についても簡単にふれておきたい。耕地面積は1961年の608・6万ヘクタル（＝100）が戦後ではピークをなし、以後は減少局面に入る。しかし、畑ではピークは1958年で、以後は減少

表 3-3　耕作放棄地面積率の推移

年	耕地＋耕作放棄地	耕作放棄地	耕作放棄地面積率
	万 ha	万 ha	%
1975	508.4	13.2	2.6
1980	500.4	12.3	2.5
1985	489.4	13.5	2.8
1990	478.4	21.6	4.5
1995	457.1	24.9	5.4
2000	448.4	34.5	7.7
2005	427.2	39.1	9.2
2010	421.8	39.6	9.4
2015	404.5	42.3	10.9

出所：各年農業センサスによる。
注 1）農業経営体・自給的農家・土地持ち非農家の合計に関する数字から筆者が作成した。2010 ～ 15 年は農業経営体に関する耕作放棄地のデータがないため、耕作放棄地はやや少なめに把握されている。

局面に入るが、田では１９６９年まで開田により増加傾向にあった。都府県では最後まで開田が行われていた栃木県が１９７７年まで田の面積が増加していた。また、北海道では田は１９７１年以降に減少局面に入ったが、畑は１９９２年まで増加局面にあり、耕地全体では１９９０年がピークとなっている。こうした農地の賦存と増減のあり方は農地流動化に大きな影響を与えることが考慮されねばならない。すなわち、耕地面積が増大する局面では規模拡大は増加した農地の取得（所有権移転）によって行われる可能性が存在しているから、規模拡大と利用集積を同時に実現する可能性が大きい。しかし、耕地面積減少局面では既存農地の再分配を通じてしか規模拡大は実現できないから（賃貸借流動）、規模拡大と利用集積が同時に実現する可能性は低下する。そこに、農地の利用調整が農地流動化に対して有する今日的意義が存在している。すなわち、地域ごとの農地の賦存と増減のあり方に配慮した農地の流動化政策が必要になる理由がそこにある。

今日ではさらにここに、耕作放棄地の飛躍的増加という特別の条件が加わっていることを看過してはならないだろう。表３－３に示したように、１９８０年代までは10万㌶台に止まっていた放棄地は１９９０年代20万㌶台、２０００年代30万㌶台へと急増し、２０１５年には42・３万㌶で、耕作放棄地面積率も10％を超えるレベルにまで到達することになったからである。すなわち、一方では優良農地の面的集積を実現する上でも放棄地の介在が大きな問題となるばかりでなく、他方では新規参入や既存経営の規模拡大にとっても放棄地への対応が不可避の課題となったからである。構造政策の推進にとって耕作放棄地問題は最重要問題の一つに浮上したのである。

第2節　農業構造政策の展開過程――構想の論理――

ここで、改めて2015年の基本計画による構造政策の特徴を整理してみたい。そこでは第1に、「効率的かつ安定的な農業経営」は認定農業者であり、企業形態的には個人（家族経営）、法人（農事組合法人または会社）、リースによる参入企業の3類型が提示されている。

第2に、「効率的かつ安定的な農業経営」を目指すのは以上の3類型に加えて、認定新規就農者と任意組織たる集落営農であり、これらが他産業従事者と同等の年間労働時間で、遜色ない水準の生涯所得を確保し得る経営体＝認定農業者になったときに「効率的かつ安定的な農業経営」が実現する。

第3に、「効率的かつ安定的な農業経営」である経営体とそれを目指す経営体の両者が利用する農地面積の割合が10年後に8割に達したときに構造改革が実現するものと展望されている。

そして、第4に、個人や任意組織たる集落営農は法人化を進めるものとされた。

つまり、家族経営や任意組織たる集落営農の認定農業者としての規模拡大と法人化を通じた「効率的かつ安定的な農業経営」への発展コース＝農業内部からの発展コースと、認定新規就農者（法人化を目指す）やリースによる企業参入を通じた農業外部からの参入・発展コースの複線で農業構造改革を実現しようというのが現行基本計画の農業構造政策だとまとめることができるであろう。そこで、担い手の企業形態の法認のあり方と農業への参入企業・範囲という二つの視点から1952年の農地法以来の農業構造政策の推移を整理した表2－4によって、現在進行形の農業構造政策の歴史的な位置を確認することにしたい。

1　農業基本法から新政策まで

ところで、表3－4で、1989年のところに網掛けが入っているのは、農用地利用増進法の改正によって、それまでの単に農地の流動化を促進することから脱却して、特定の経営に農地利用を集積し、規模拡大を促進する方向に制度の狙いが変わったとされているからである。[2] すなわち、多様な農地流動化の方向を是とする多様な担い手を育成する方針から、もっぱら規模拡大の線に沿った選別的な農地流動化政策への移行がそれであり、1993年に農地法・農業協同組合法改正とともに実施された農業経営基盤強化促進法の制定が、1992年に提案された新政策における農業構造政策の集大成の位置を占め、農業構造政策における大きな転換の画期となったのである（認定農業者制度の導入）。

こうした視点から1989年までの農業構造政策の特徴をまとめれば、第1に、農地改革で創設された自作農（1《ヘクタール》程度の規模）が、自立経営・中核的担い手・中核農家と呼称はさまざまではあったが家族経営の枠内で発展するコースを基軸としていた。1戸1法人化は税金対策の側面も含みながら一定程度進んだとはいえ、政策的に積極的に奨励されたわけではなかった。

第2に、家族農業経営が協業組織や協業経営を通じて生産の共同化を進める中で発展する方向として、農地の権利を取得できる農業生産法人制度が設けられ、協同組合に準ずる農事組合法人と会社法人（有限・合名・合資会社のみ）の二つの企業類型が1962年に認知された。当初は構成員（出資者）・役員・農業従事者等の要件において農地法の自作農主義に彩られ、協同組合的な要素が優勢であったが（農民の組織）、徐々に制度改正による要件緩和を通じて企業的な性格を強めた。とはいえ、制度改正は法人化促進というよりも、現状追認的な性格が濃厚だったといってよい。

第3に、農業への企業参入については農業生産法人の一形態＝家族農業経営の発展の到達点としての株式会社導入の是非について、農業基本法制定時に議論が戦わされただけで、農外からの一般企業（株式会社を含む会社法人）の農業参入について政策当局は基本的に関知しなかった。この点に積極的に踏み込んだところに新政策の歴史的な地位が示されている。とはいえ、それまでに農業生産法人制度の枠組みの外側で株式会社を含む一般企業が農業参入することには何らの制限がなかったことを忘れてはならないだろう。たしかに、すでに農地である土地を購入したり、借り入れしたりして農業経営を営むことは農業生産法人以外にはできなかったが、林地を購入して開墾し、農地として利用することには農地法等の制限は全く存在していなかったし[3]、今でも存在していないから、長い歴史を有する株式会社形態の著名な「酪農経営」などが中山間地域などに立地しているわけである。また、自給飼料生産から切断され、最初から輸入購入飼料に依存する方向で生産拡大していた豚や鶏（採卵鶏とブロイラー）においては、群管理技術の確立を背景にして工業的な飼養管理方法に基づく大規模経営が農地の取得・利用を伴わない形で株式会社を含む会社法人等の企業的な経営として相次いで設立されていた。今日の時点で考えれば、公共育成牧場などのための草地開発だけではなく、一般企業が独自に林地を開墾して農業参入するようなケースに対しても政策当局が積極的に関与する方途が積極的に議論されても良かったのではないかと考えられる（もちろん、開発後の農地の適切な扱いについてのきちんとした法整備が必要ではあるが）。

そこで、表3－5によって、農業生産法人の枠内に限定されるが、農業法人の設立状況をみておこう。これによれば、第1に、企業形態ではほぼ一貫して会社（ほとんどが有限会社）が中心であり、1990年以前は60％前後、それ以降は70％超となって会社化が進んでいる。したがって、制度設計上は農事組合法人型が多くなることを想定していたが、実態は有限会社を中心として組織化されてきた。

第2に、主要業種別にみると、1970年頃までは果樹作が優位であり、税対策での1戸1法人化が進めら

企業・範囲からみた構造政策の推移

生産法人の企業形態)		農業への参入企業・範囲					
らの発展型		農協の農業参入		市町村農業公社市町村	一般企業の農業参入		
会社型法人経営		農協の直営	農業生産法人への出資		農業生産法人への出資	農地賃貸借	農地所有
株式会社以外	株式会社 KK						
		信託事業					
農業生産法人 合名･合資･有限	(株式会社)[6]	農地信託					
		農業経営受託					
		受託農作業斡旋[8]					
組織経営体	生産法人化検討[9]			公社の合理化事業[10]			
認定農業者		研修目的の農業経営	農協等の生産法人出資可[10]	研修目的の農業経営[10]	個人の関連事業者		
	K K 導入提案			市町村出資提案	非農業組織		
法人							
	制限付き KK[11]			農業生産法人への市町村の出資可[12]	法人の関連事業者		
						特定法人（特区）[13]	
					出資制限 1/2 未満		
						特定法人（全国）[13]	
持分会社	非公開株式会社						
		農協等の賃貸借直営が可能に[15]			農商工連携事業者の出資 1/2 未満	区域制限なしの一般法人参入可[15]	
							戦略特区(養父市)[16]
農地所有適格法人[17]	農地所有適格法人[17]		農地所有適格法人[17]				

される。

(基本法第 15 条)。

きるように、協同組織の整備、農地の権利取得の円滑化等の施策を講ずるとして、家族農業経営から協同組合型の法人経
いた。

た。

形態になりうるとの二重の規定に下に置かれている。

は株式会社が含まれていた。

して登場。

おり、これが 2000 年の農地法改正で実現することになる。

限定）推進に農水省がゴーサインを出した。前年の JA 全国大会で JA が合理化事業に積極的に取り組む方針を出したこと

協出資農業生産法人とともに合理化法人の事業として「新規就農者研修」が認められたが、農水省の照準は市町村農業公

る一つの地位を確保することを可能にしたが、すでに市町村農業公社が存在している状況の下ではそうした方向を採用し

されることになった。

げた。

本体の農業経営（直営）も容認されることになった。


れた。

調査会、2002 年 ; 島本富夫「構造・担い手対策と農地政策の変遷」『土地と農業』No.40（2010 年）、農水省の農地関係資料

表3-4　企業形態と農業への参入

年	構造政策関連法・文書	農地流動化政策の特徴と変化	企業形態の法認（農業	
			家族経営か	
			非法人 家族経営	協同組合型 法人経営
1952	農地法	自作農主義（売買中心、上限・下限面積設定）	中堅自作農[1]	
1961	農業基本法	自作農主義の枠内	自立経営[2]	協業の助長[3]
1962	農地法・農業協同組合法改正	自作農主義の枠内 上限面積制限緩和[4]		農業生産法人 農事組合法人[5]
1967	構造政策の基本方針（農林省）	賃貸借重視への政策転換提案		
1970	農地法改正	賃貸借規制の大幅緩和 借地農主義へ（上限面積規制撤廃） 耕作者主義徹底（生産法人要件緩和） 農地保有合理化事業創設（都道府県公社）	中核的担い手[7] 中核農家[7]	
1975	農用地利用増進事業創設 （農業振興地域整備法改正）	農地法のバイパスとしての利用権設定 農振法農用地区域のみでの適用		
1980	農用地利用増進法	利用権・所有権・作業受委託の流動化包括 市街化区域以外の全地域で実施		
1989	農用地利用増進法改正	経営規模拡大計画認定農業者への流動化		
1992	新しい食料・農業・農村政策の方向 農地法施行令改正	効率的・安定的な経営体＝生涯所得均衡 市町村農業公社の合理化法人化容認	個別経営体	組織経営体
1993	農業経営基盤強化促進法 農地法・農業協同組合法改正	農業経営改善計画の認定農業者制度 生産法人の農業関連事業・構成員の拡大	認定農業者	特定農業法人
1998	農政改革大綱（政策の方向づけ）	生産法人制度改正・集落営農評価方向づけ		
1999	食料・農業・農村基本法	基本計画に基づく農業構造の展望提起	家族農業経営	生産組織・法人
2000	農地法改正（生産法人制度転換）	株式会社容認・市町村と非農業組織の出資容認・農業の事業範囲に関連事業を含める		
2002	構造改革特別区域法	特区でのリースによる特定法人貸付		
2003	基盤強化促進法改正（生産法人）	認定農業者たる生産法人への出資制限緩和		特定農業団体
2005	同上（特定法人制度の全国化）	市町村内指定区域での特定法人貸付		
	農地法改正（会社法への対応）			農事組合法人
2009	農地法・基盤強化促進法・農業協同組合法改正（農地制度大改革）	農商工連携事業者への出資制限緩和 農地利用集積円滑化事業創設（ＪＡ・市町村）		特定農業法人の範囲拡大[14]
2013	国家戦略特別区域法	一般企業の農地所有容認と生産法人の農作業従事者１人以上への要件緩和		
	農地中間管理事業推進法	管理機構を通じた農地流動化政策の一元化		
2015	農地法改正（2016年施行）	生産法人から農地所有適格法人へ（農作業従事者１人以上、非農業者議決権1/2未満）	農地所有適格法人[17]	農地所有適格法人[17]

注 1）都府県では0.3～3（4）ha、北海道2～12haが農地法の容認する農業経営面積であり、中堅自作農はこの枠内と判断
2）自立経営農家は農業従事者が他産業従事者と均衡する生活を営むことを可能とする所得が確保できる家族農業経営
3）農業基本法は第17条で、農業従事者が農地についての権利又は労力を提供しあって、協同して農業が営むことがで営への発展方向を示唆していた。また、第18条では農協による農地信託事業に関する施策を講ずることを規定して
4）主として家族労力による場合には上限面積（都府県平均3ha、北海道12ha）を超える経営が認められることになっ
5）農事組合法人は農業協同組合法改正で認められた農民が組織する農業経営とされ、要件を満たせば農業生産法人の一
6）1960年5月6日に国会に提出された農地法改正案（第1次案）では後に農業生産法人と名称変更される適格法人に
7）1970年の「総合農政の推進について」（閣議了解）では中核的担い手が、73年度農業白書では中核農家が政策対象と
8）新しい食料・農業・農村政策の方向において、すでに農業生産法人の一つとしての株式会社という選択肢が示されて
9）農協の信託事業がほとんど進まない状況の下で、農協の農地保有合理化推進事業（賃借・転貸＝受託農作業斡旋にへの対応。
10）市町村と農協に加えて、公益法人の市町村農業公社が農地保有合理化事業の実施主体に法認された。1993年には農社に定められていた。
11）非上場の譲渡制限付き株式会社として農業生産法人に認可されることになった。
12）農業経営が実施できない市町村農業公社に代わって、市町村が農業生産法人に出資することによって担い手におけた事例は多くはなかった。
13）2003年の構造改革特区での一般企業のリース方式での農業参入は2005年の農業経営基盤強化促進法改正で全国展開
14）特定農業法人が農業生産法人以外の農業を営む法人でも可となった。農業生産法人以外の法人の農業参入に枠を広
15）一般法人のリース方式での農業参入容認は特定農地貸付によらずとも、地域制限なしで法認されたが、同時に農協
16）国家戦略特区の枠組みで一般企業の農業参入が農地所有まで容認され、やがてこれが全国一般化する可能性が高い。
17）農地所有適格法人では役員または使用人の１人以上が農作業に従事すればよいとされ、役員要件の大幅緩和が行わ
出所：谷口信和『20世紀社会主義農業の教訓』農山漁村文化協会、1999年；関谷俊作『日本の農地制度　新版』（財）農政により筆者作成。

表 3-5　農業生産法人数の推移（各年 1 月 1 日現在）

年		総数	企業形態		主要業種						
			会社	農事組合法人	米麦作	果樹	そ菜	工芸作物	花卉・花木	畜産	その他
実数	1965	1,294	726	568	242	548				299	205
	1970	2,740	1,596	1,144	806	871				749	314
	1975	2,879	2,023	856	788	845	71			852	323
	1980	3,179	2,022	1,157	743	700	103			1,103	530
	1985	3,168	1,844	1,324	553	516	157			1,262	680
	1990	3,816	2,190	1,626	558	592	216			1,564	886
	1995	4,150	2,815	1,335	803	523	293			1,510	1,021
	2000	5,889	4,393	1,496	1,275	606	567	307	560	1,803	771
	2005	7,904	6,122	1,782	1,953	683	988	219	787	2,216	1,058
	2010	11,829	8,773	3,056	4,053	865	1,838	460	828	2,477	1,308
	2015	15,106	10,995	4,111	6,021	1,124	2,914	528	817	2,656	1,046
	2017	17,140	12,179	4,961	7,285	1,187	3,250	542	835	2,903	1,138
割合%	1965	100	56.1	43.9	18.7	42.3				23.1	15.8
	1970	100	58.2	41.8	29.4	31.8				27.3	11.5
	1975	100	70.3	29.7	27.4	29.4	2.5			29.6	11.2
	1980	100	63.6	36.4	23.4	22.0	3.2			34.7	16.7
	1985	100	58.2	41.8	17.5	16.3	5.0			39.8	21.5
	1990	100	57.4	42.6	14.6	15.5	5.7			41.0	23.2
	1995	100	67.8	32.2	19.3	12.6	7.1			36.4	24.6
	2000	100	74.6	25.4	21.7	10.3	9.6	5.2	9.5	30.6	13.1
	2005	100	77.5	22.5	24.7	8.6	12.5	2.8	10.0	28.0	13.4
	2010	100	74.2	25.8	34.3	7.3	15.5	3.9	7.0	20.9	11.1
	2015	100	72.8	27.2	39.9	7.4	19.3	3.5	5.4	17.6	6.9
	2017	100	71.1	28.9	42.5	6.9	19.0	3.2	4.9	16.9	6.6

注 1）主要業種の網掛けは各年の最大のシェアを有する業種に付けた。
出所：「ポケット農林水産統計」各年度版により、割合は筆者算出。

れたことを反映しているが、1970～2005年の間は畜産が優位となり、豚や鶏などの中小家畜でのインテグレーションや企業化の進展に対応している。2005年以降には米麦作に重点が移るが、品目横断的経営安定対策の導入に伴う集落営農の認知と5年以内の法人化要件が急速な組織化を促進したといえる。なお、2000年以降にそ菜での組織化が急速に進んでいることは野菜の産出額割合の増大とも相まって注目されるところである。政策的に誘導される側面と経営体の自主的な選択の中で法人化が進んでいるといえる。

2　新しい食料・農業・農村政策の方向

以上の指摘からも明らかなように、新政策の導入は農業構造政策の展開過程において次のような意義を有したといえよう(5)。

第1に、家族農業経営の発展した姿として個別経営体、家族農業経営の協業の発展の延長線上にあるものとして組織経営体をとらえ、これら両経営体の体質強化の方向として法人化を位置づけた。農業経営の法人化を、①1戸1法人化の推進、②生産組織の法人化、③農業生産法人制度の整備、④法人化支援措置の整備から全面的に進めるとした。

第2に、個別経営体は個人または一世帯によって農業が営まれている経営体であり、主たる従事者が、①他産業並みの労働時間で、②地域の他産業従事者と遜色のない水準の生涯所得を確保できるものとされた。組織経営体は複数の個人または世帯が共同で農業を営むか、これと併せて農作業を行う経営体で、主たる従事者が①と②を実現できるものである。ここでは両経営体とも家族というまとまりではなく、個人を単位としてとらえ、そこでの労働時間・所得の水準を目標にした点がこれまでの政策との質的な差違であるとしている。

第3に、農業生産法人の企業形態の一つとしての株式会社の可能性についての議論が俎上に載せられ、そのメリットとデメリットの詳細な検討から当面の導入は見送られたが、検討を継続するとされた。株式譲渡制限規定の活用によりデメリットは緩和されるとの意見が出されるとともに、農外からの資本参入という視点だけでなく、農業内部からの株式会社形態活用の要請にどう応えるのかという視点が提起され、1995年に開始された食料・農業・農村基本法（新基本法）制定をめぐる長い議論の末に、2000年の農地法改正で譲渡制限付き株式会社が農業生産法人の一形態として法認される道程の第一歩がここで踏み出された。

第4に、非農業者である法人等の農業参入を農業生産法人への出資という形で容認し、具体化した。表2－4に示したとおり、これは新政策で初めて本格化した構造政策の方向である。そこでは出資比率の制限が事実上ない形で農協・農協連合会が、単独では1／10以下、合計では1／4以下という出資比率制限つきで、法人から物資やサービスの提供を受ける事業者の個人に出資が認められた。これにより「農協出資農業生産法人[6]」と呼ばれた全く新たな農業経営が誕生し、地域農業における家族農業経営・集落営農（法人経営）に次ぐ第三の担い手が各地に誕生し、活動を開始することになった。

第5に、市町村農業公社や農協・市町村が農地保有合理化法人として保有する農地を利用して新規就農研修事業を行うことが認められたが、現実の実施主体は市町村農業公社に限定された。とはいえ、実質的な法人の農業経営を介して公共的な性格を帯びた新規就農研修事業が開始されたことの意義はかなり大きかったといえる。

以上のように新政策は新基本法を経て今日に至る農業構造政策の基本的な骨格を据える重大な役割を担ったことが明らかである。とはいえ、新政策が前提としていた昭和一桁世代のリタイアは「健康的長寿化」と「農業機械化」の進展により10年ほど遅れ、期待された農業構造再編は実現されることはなかった（後述）。また、法律に位置づけ、政策的に認知したからといって、現実の農政がそれを積極的に推進したというわけではない。組織経営体の稲作版として高い位置づけを与えられた「集落経営体」が現実に組織化を急速に進めるには２００７年からの品目横断的経営安定対策の導入まで待たねばならなかったし、農協出資農業生産法人が農協陣営の枠を超えて、政策当局に地域農業再編の有力な構成部分との評価を与えられたのは２００２年度の「食料・農業・農村白書」が最初であった。

3　食料・農業・農村基本法の地平

新政策（政策文書）がガット・ウルグアイ・ラウンド農業合意（1993年）に対応する国内対策の位置づけを与えられて策定されたとすれば、新基本法（法律）はWTO交渉の開始（2000年）に照準を当てた国内対策の性格をもっていたということができる。農産物輸入の一層の進展に備えて制定される食料自給率引上げ目標の設定と新たな担い手政策の方向づけと法定化がその要点である。この両者をつなぐところに5年ごとに決定される基本計画があり、10年後の自給率目標と農業構造改革の目標たる「農業構造の展望」が提示されることになっている。自給率目標は新基本法が新たに築いた農政の地平であり、農業構造の展望は新政策からの継承である。

新基本法と2000年の農地法改正は新政策以来の宿題であった株式会社制度の導入を農業生産法人制度の枠内で決着させた。そこでは株式会社に譲渡制限を付与する形で農業団体などからの批判に答える一方、農業生産法人の構成員に市町村と非農業組織（これまでは生産法人から物資・役務の提供を受ける個人だけに制限されていたのを改め、法人にまで広げた）を加えるとともに、事業要件について関連事業を含む農業を主たる事業にすることによって、制度の一層の弾力化が図られた。

ここで、農業生産法人制度の枠内での株式会社の容認とは、いわば「家族農業経営＝農業内部からの発展コース」の最先端に株式会社という企業形態を認知したものであり、上述のように農業生産法人制度の枠外ですでに広範に展開していた畜産や施設園芸などの株式会社を農業生産法人制度の中に取り込んだという意味では現状追認的な性格をもつものに過ぎなかったとも評価できる。

これに対して、生産法人の構成員として非農業組織＝法人（当然に株式会社も含まれる）を追加したことはかなり大きな変更というべきであろう。なぜなら、それまで生産法人に出資できる法人は、農地保有合理化法人（主として市町村農業公社）と農協及び農協連合会という半公共的な団体か農業者関連組織に限定されていたし、

2000年改正で追加された地方公共団体（市町村）も従来の枠内だったと評価できるからである。しかし、株式会社を含む会社法人＝営利団体の構成員としての認知はこれらとは明らかに異なっている。たしかに、単独では1／10、合計では1／4という出資割合制限付きではあったが、2009年の農地法改正では前者1／4、後者1／2にまで引き上げられ、外部からの資本出資を通じた株式会社の参入は政策的な認知から促進の方向に向けてドライブがかけられていると判断されるからである。

そうした判断を裏付けるのが、2002年の構造改革特別区域法で導入された「特区」に限定された形での一般法人＝特定法人に対するリース方式での農業参入の容認である。これは農外からの一般法人による直接的な農業参入方式であるが、2005年に農業経営基盤強化促進法改正で特区に限らず全国展開が認められた上で（ただし、市町村内の指定地域での貸付に限定される）、2009年の農地法改正では市町村を介した特定農地貸付によらず、相対でも、地域制限なしでの一般法人の農業参入に道を拓くことになった。

そして、最後に残されたリース方式という限定を外すことになったのが、2013年の国家戦略特別区域法に基づく「戦略特区」での一般企業の農地所有解禁となる。これがリース方式での一般企業の農業参入と同様に、「戦略特区」という地域限定を外しての全国展開に移行し、一般企業による自由な農業参入の方向に向かうであろうことは容易に想像がつくところである。とはいえ、リース方式と所有権容認の間には依然として大きな溝があるといわざるをえない。

第1に、農業生産法人制度で認知された株式会社は株式譲渡制限付きの株式会社であり、さらに外部の法人に対しては株式保有割合に制限が加えられている。したがって、株式の自由な譲渡・譲受を通じた外部からの資本支配が簡単にはできない仕組みになっている。それは農業生産法人が農地の賃貸借に止まらず、所有に関わる権利を有しているからである。農業生産法人であってもそうした株式譲渡制限を付されない株式会社であった場合には巷間危惧されるように、豊富な資金力を行使して投機や単なる資産保有目的での農地取得に走る恐れが少なからず存在するとみるのはそれほど根拠のないことではないだろう。したがって、農業生産法人制度の枠内で株式会社方式を認めるとすれば、株式譲渡自由の原則を制限することは農業経営を効率的に運営する企業形態として株式会社を容認することと矛盾しないであろう。

第2に、農外からの参入にあたって、株式譲渡自由の原則に立つだけでなく、株式市場に上場している一般株式会社に自由な農地取得を容認することは、上述のような土地投機や単なる資産保有への農地の動員を促進して、農地の効率的な利用を実現するという趣旨にそぐわなくなる可能性が著しく高いというべきであろう。それは、大局的には「建築自由の原則」に基づく法制度が支配的な日本においては、農地法や農業振興地域整備法による農地転用規制が存在しているにもかかわらず、実質的には無秩序な農地転用が横行しているのが現実であり、転用規制のゾーニングが「弾力的な線引きの変更」によって有名無実となる危険性と常に背中合わせだからである。[7] したがって、一般株式会社に農地所有の権利を与える形での農業参入の行方については依然として紆余曲折が予想されるところである。

なお、新基本法下での構造政策の展開についての詳細な検討は省略せざるを得ないが若干の補足をしておくことにしたい。

第1に、構造政策における新政策と新基本法との差違である。新基本法は「効率的かつ安定的な農業経営」が農業生産の相当部分を担う望ましい農業構造を確立するという構造政策の基本方向については基本的に新政策を継承している。[8] しかし、①農業者個人に着目する点は継承しつつも、経営体（個別経営体・組織経営体）という概念を用いていない。②家族農業経営の活性化と農業経営の法人化を推進して望ましい農業構造に到達しようという農業経営の発展コースは基本的には単線で描かれている（第22条）。③家族農業経営やそれが発展した法人経営だけでは地域農業が維持できない場合には農業生産組織（集落営農・農作業受託組織等）の活動を促進するとして、農業生産組織の育成の必要性を地域的条件に求めている点（第28条）を指摘しておきたい。中山間地域の振興を盛り込んだことに象徴的に示される「地域的条件」を重視した政策体系という新基本法の特徴が示されているといえよう。

第2に、２００７年に導入された品目横断的経営安定対策は認定農業者4ヘクタール、集落営農20ヘクタールという面積規模要件を満たした者が生産条件不利補正対策と収入減少影響緩和対策の交付金を受け取るという構造政策だったが、その選別的な性格に批判が集中し、実施過程で面積要件は限りなく骨抜きにされるとともに、農業者戸別所得補償政策を掲げた民主党政権が２００９年に成立する有力な背景をなした。

第3に、わずか3年余りで退陣した民主党政権が実施した戸別所得補償は平均的な生産費を規模中立的に補償することを通じて、一方では米の所得補償交付金によって全規模階層を底上げするとともに（岩盤構築）、他方では大規模階層に有利な所得補償となって、分解促進的な構造政策という二面的な特徴をもつものであった[9]。政権に復帰した安倍首相の下での農政は新自由主義的政策への傾斜を強め、一方では大規模化・法人化の促進、他方では徹底した規制緩和と農業団体叩きを通じて、農業に激しい競争を持ち込むものとなっているが、その表面的な成果（例えば農産物輸出額や農業産出額の増加）とは裏腹に現場での農業の衰退が激しく進行しつつあり、今後の帰趨は不透明である。

第４に、農業構造改革を一挙に進めるべく、上からの農地流動化を担う救世主として２０１４年に設立された農地中間管理機構は地域集積協力金などの特別単価が設定された２０１７年度までに高揚期を過ぎつつあり、２０２３年度（現行基本計画より二年早められている）までに担い手に農地の８割を集積する目標の達成に赤信号が灯っている。農地利用集積円滑化事業の廃止と中間管理事業への一本化によって起死回生する方向が示されつつあるが、制度設計上の本質的な欠陥をそれだけで克服できるかには疑問符がつくといわざるをえない。

3　農業構造再編の実態とあるべき構造政策の方向――実態を踏まえた政策へ――

最後に、新政策と２０００年の基本計画における10年後の農業構造の展望の実現にかかわる実績を表３－６によって簡単に検討して、むすびに代えることにしょう。

ここでは、新政策の実績を２０００年の基本計画における現状認識を示した１９９９年の実績で（２０００年のデータとの間に若干の差があるが、無視した）、２０００年の基本計画の実績を２０１０年センサスの数字で検証することにしたい。なぜなら、わが国の多くの計画においては実績についての詳細な検討を曖昧にする傾向が強く、適切なデータが与えられてはおらず、冷静な評価が容易ではないという現実があるからである。

新政策では稲作を中心とした展望であるという制約をある程度加味しなくてはならないが、第１に、総農家数を２５０～３００万戸と予想したのに対して、実態は３２４万戸と多めに推移したこと、反対に土地持ち非農家は１４０～１９０万戸と踏んだのに実態は１０５万戸とかなり少なめに推移したことが明らかである。ここには昭和一桁世代の農業リタイアが10年ほど遅れて80歳程度まで農業就業しつづけた現実が横たわっている。こうした事実は構造改革抑制的に働いたと思われる。

第2に、地域農業の基幹となる経営体である個別経営体と組織経営体については明確に対応する数字が得られないが、65歳未満の専従者がいる主業農家ベースで比較すると実績はいずれも目標を上回っている。しかし、２０００年基本計画で実績と把握されたこれらの主業農家は「効率的かつ安定的な農業経営」を一部に含みつつも、それらへの発展を期待される全ての経営であることから、１９９９年の実績は２０１０年展望の数字よりはかなり小さいものにならざるをえない。そうすると、２０００年展望の実績は達成されたとはいえないであろ

表 3-6　新政策と基本計画における 10 年後の農業構造の展望

単位：万（万戸）

	新政策（1992年）による2000年の農業構造展望							2000年基本計画による2010年の農業構造展望					センサス
	1990年実績		2000年展望					1999年実績		2010年展望			2010年実績
総農家	383		総農家	250～300				総農家	324	総農家		230～270	253
中核農家	62 専業	24	個別経営体	35～40		稲作シェア		主業農家（65歳未満専従者あり）	48	効率的かつ安定的な農業経営	家族農業経営	33～37	31
				単一経営 20	稲作中心単一（10～20ha） 5	5割強	8割強		単一経営 30			単一経営 18	20
	兼業	38		複合経営 15～20	稲作＋集約作物（5～10ha） 10				複合経営 19			複合経営 15～19	11
			組織経営体	4～5	稲作が主（1～数集落規模） 2	2割強					法人・生産組織	3～4	3
中核農家以外の販売農家	253 稲作	210	個別経営体以外の販売農家	150～160	稲作あり（1ha 未満） 140			その他の農家	276	その他の農家		190～230	222
					稲作主要作業委託 組織経営体へオペ参加				販売農家 200		販売農家	140～150	132
自給的農家	86 稲作	60	自給的農家	60～110	稲作あり（0.3ha 未満） 40～75				自給的農家 76		自給的農家	50～80	90
生産組織の存在													
土地持ち非農家	78			140～190	土地利用を個別・組織経営体へ委託 他産業従事特化			土地持ち非農家	105		土地持ち非農家	140～170	137

注1）2000年基本計画の欄の1999年実績は2000年のセンサスデータが得られないため、直近の実績を取ったものである。
　2）実績と展望は項目が完全に照応するものではない点に注意。
　3）2010年のセンサス実績は効率的かつ安定的な農業経営とは限らない、1999年実績の農家区分に対応した数値である。
　4）2010年展望の矢印は販売農家と自給的農家から生産組織が設立されることを示している。
出所：新政策関連は新政策推進研究会編著『新政策　そこが知りたい』大成出版社、1992年、2000年基本計画は農水省「食料・農業・農村基本計画　関係資料」2000年、による。

う。むしろ、2000年展望では稲作シェアが個別経営体5割強+組織経営体2割強の合計で8割強とされていることをみれば、現在進行形の2025年目標が担い手への集積率8割とされ、2014年実績を5割としていることからみてもこのことは明白である。

第3に、自給的農家の見積もりはある程度妥当だったとみると、個別経営体以外の販売農家が著しく低くなるとの見通しが大幅にずれ、大量の販売農家が残存したことになる。

いずれにしても2000年展望は単なる願望に終わり、構造改革が期待どおりには進展しなかったといわざるをえないであろう。

しからば、2000年の基本計画に基づく2010年展望の実績はどうか。ここでは効率的かつ安定的な農業経営数だけが目標とされていて、面積シェアは(注)に作業受託を含めて農地利用の6割が集積することを見込んでいたことが示されているだけであるが、農地中間管理機構の実績に関して農水省が公表している2011年3月末の担い手への面積集積率が48・1%に止まっていることからして、目標達成には至らなかったとみてよい。ただし、経営数からすると、目標に近いセンサスの実績数字が与えられていることからみて、経営数は確保されているものの、「効率的でかつ安定的な」経営水準には到達していないとみるのが現実的なところであろう。

いずれにしても、正確な実績評価ができないような計画の連続であること、評価の基準となる経営の定義や中身が不断に変更されていて、評価しようがないことなど問題が多いことが明らかである。

現時点で日本農業をめぐって毎日話題になっているのは深刻化する「担い手不足」、「労働力不足」であり、それが全地域、全作物・畜種に及ぶ担い手問題の深刻化を反映したものであることはいうまでもない。その際に求められるのは地域農業政策の視点からの農業構造政策の提起であろう[10]。すなわち、一方では地域農業における多様な担い手の必要性を認め、他方では直売所を有力な核とし、耕畜連携を見据えた地産地消の意義拡大に対応しうる担い手像の提起である。また、その際、ＪＡによる農業経営の特殊な意義を認める中で日本的な農業構造改革のあり方を探求するとともに、そこにおける総合ＪＡの重要な役割に正当な光を当てることが重要ではないかと思われる。

注

（1）谷口信和・梅本雅・千田雅之・李侖美『水田活用新時代』農山漁村文化協会、２００６年、36～40頁。
（2）関谷俊作『日本の農地制度　新版』（財）農政調査会、２００２年、２５６～２５７頁の指摘による。
（3）１９６０年5月6日、第34国会に提出された農地法・農協法改正案（第1次案）では「適格法人」の一形態として株式会社が含まれていたが、農林漁業基本問題調査会事務局監修『農業の基本問題と基本対策〔解説版〕』農林統計協会、１９６０年8月では、株式会社のような高度の企業形態が広範に成立発展すると想定するのは困難であるが、そうした農業法人の自由な存立と発展を余りに制約することは好ましくないとしていた（１８２頁）。谷口信和『20世紀社会主義農業の教訓』農山漁村文化協会、１９９９年、37～45ページ参照。
（4）農水省が関係する文書では珍しく、新農政推進研究会編著『新政策　そこが知りたい』大成出版社１９９２年、１１７頁がこの点を指摘している。
（5）以下の点については前掲書、78～１２２頁を参考にした。
（6）谷口信和・李侖美『ＪＡ（農協）出資農業生産法人』農山漁村文化協会、２００６年。
（7）高橋寿一『農地転用論』東京大学出版会、２００１年。
（8）新基本法の行間の理解にあたっては、食料・農業・農村基本政策研究会『【逐条解説】食料・農業・農村基本法解説』大成出版社、２０００年、を参照している。
（9）谷口信和「農業者戸別所得補償制度の理念と政策の課題」梶井功・谷口信和編著『日本農業年報57　民主党農政1年の総合的検証』農林統計協会、２０１１年。

（10）そうした方向を詳細に検討した、田代洋一『地域農業の担い手群像』農山漁村文化協会、2011年が具体化にあたっては参照されるべき最初の文献となる。

第4章

グローバル市場主義の下での家族農業経営の持続可能性と発展方向
——農業経営の多様な形態・役割と持続のための政策——

辻村英之

第1節　本章の問題意識と分析課題

1　第3段階に向かう食料のグローバル化

現在を第3次フード・レジーム（食料体制）への移行期だと位置づける、フード・レジーム論の議論がある。(1)第2次フード・レジーム（マーカンタイル＝インダストリアル・フード・レジーム）においては、巨大なアグリビジネス（農業・食料関連企業）が主体となって、農業の工業化や世界標準食品（特に加工食品）の大量生産・大量消費を促進する。そして政府は、助成金で国内農業の保護や農産物の輸出促進に努める。この農業の商工業化・国際競争が深まるにつれ、小規模農業経営の持続可能性が危ぶまれるようになる。

さらに第3次フード・レジーム（コーポレート＝エンバイロメンタル・フード・レジーム）においては、上記の農業の工業化・標準食品化がより進み、この経営環境の下で小規模農業経営の排除がより強化される。しかし第3次は、自由貿易体制を確立し、農業経営の存続や農産物の輸出を、政府ではなく民間による調整で方向づける。そして第2次との最大の違いは、持続可能性が危ぶまれる小規模農業経営や、栄養・健康面での消費者の不安、産地の環境・景観の問題などをめぐり、改善を求める社会運動が強力になることである。上記の大手アグリビジネスと政府に加え、社会運動体が3つめの新たな主体になる。

第2次から第3次への移行期とされる現在においても、アグリビジネスは、環境保護、アグロエコロジー、食品安全、動物福祉、フェアトレードなどの社会運動の要求を、「サプライチェーンの品質」として選択的に受け入れている。ただし社会運動は、その選択的、部分的取り込みに満足しておらず、新たな食料体制として全体が安定するに至っていない。両者が妥協し、第3次フード・レジームが確立するか否かは、不確定であるというのが、フードレジーム論の主張である。

さらに豊かな消費者と貧しい消費者の格差が拡大し、上記の「サプライチェーンの品質」を含む高品質(高付加価値)・高価格の食品市場と、工業化・加工化が可能にする低価格の標準食品の市場というように、市場の二極分化が促進される。それも本章が着目する第3次の特徴の1つである。

本章は以上のフード・レジーム論に基づく第3次フード・レジームへの移行期としての特徴を、農業経営を取り巻く外部環境として位置づける。そして家族農業経営の外部環境が、第3次フード・レジーム(食料のグローバル化の第3段階)の方向へ変化する中、持続可能性を確保するために、その変化に対応していかなる経営体の発展を講ずるべきか、検討するものである。

2 社会運動の要求としての小規模家族農業経営の持続可能性——新自由主義農業政策への警鐘として——

国連は2014年を「国際家族農業年」と定め、家族農業の役割を世界中に知らしめて、存続のための施策が検討されるよう促した。さらに国連は、その1年間の取り組みにとどまらず、役割の理解や施策の検討が継続的になされるよう、２０１９年から２０２８年までの10年間を「家族農業の10年」と定めた。日本においては、小規模な家族農業は非効率で経済発展を阻害するものとみなされ、「農業競争力強化プログラム」などにより、大規模化や企業化が促されている。このような新自由主義的な主張や政策が、世界中で強まっていることへの警鐘として、「国際家族農業年」を位置づけることもできる。

そしてその背景には、「食料主権」（自らの食料の消費・生産を自ら決定する権利）の概念に基づいて、新自由主義農業政策（特にＷＴＯ体制や大規模農業者・アグリビジネスの市場支配力を強化する政策）に反対する、ビア・カンペシーナなど小規模農業者自身による社会運動や、それと連携する農協・農民組合などの農業団体、消費者市民による社会運動があり、政策決定に対する影響力を強めつつある

日本においても、家族農業年の取り組みがいくつも開催されたが、本章で議論の取りかかりとする『家族農業が世界の未来を拓く――食料保障のための小規模農業への投資――』[(2)]の刊行も、その内の１つである。「食料保障と栄養に関する専門家ハイレベルパネル」が、国連・世界食料保障委員会の依頼を受けて執筆した研究報告書の全訳であり、家族農業年を実施する科学的根拠と言える。同じく『農業と経済』２０１４年９月号（特集「再考　日本の家族農業経営――論点と国際比較から――」）も、家族農業年に合わせて企画されたものである。

本章においてはまず、上記の国連報告書から、その現在と未来の役割をめぐり、雇用労働力に依存した商業的経営と比較した優位性とその要因について、十分な説明がなされている部分のみ抜き出して整理する。同じく上記の『農業と経済』における説明を参考にして、家族農業の優位性・要因についての不足を補う[(3)]。しかし国連報告書においては、家族農業経営の定義・意義が、小規模農業の定義・意義と混ざってしまっている。両者は重なることが多いが、ここでは「小規模」である優位性と「家族による経営」の優位性をできる限り区別して整理し

たい。
引き続き、伝統的で小規模な家族経営の典型であるキリマンジャロの事例に基づいて、この二つの先行文献から読み取った家族農業の優位性の具体化に努める。最後に日本の現代的で中規模家族経営の事例やフランスの農業政策をも参考にして、家族農業を持続可能なものにする施策のあり方について提言する。

第2節　家族農業経営とは何か――農業経営の類型化と家族農業の定義――

1　家族農業経営の定義・類型

上記の国連報告書においては、「小規模（smallholder）」農業を、「家族（単一または複数の世帯）によって営まれており、家族労働力のみ、または家族労働力をおもに用いて、所得（現物または現金）の割合は変化するものの、大部分をその労働から稼ぎ出している農業経営」と定義づけし、「家族（family）」農業の定義と重ねてしまっている[4]。

確かに世界全体（あるいは日本）でみれば、小規模な家族農業が大半を占めることは間違いない。そして小規模であれば、ほとんど家族農業である。それゆえ両者の混同や、小規模さを家族農業の前提・要件とすることがよくある。しかし例えば、世界で最も大規模な農場面積（平均約１９７ヘクタール）を誇るアメリカにおいても、98％の農場が家族によって営まれる家族農業（家族による所有・経営）であるように[5]、家族農業が必ず小規模とは限らない。要件ではなく家族農業の区分のための1基準として、規模を位置づけるべきだろう。

同じく前記のように、量的把握の容易さもあって、特に家族労働力の利用を家族農業の要件とすることも多い。例えばＦＡＯの統計的な定義は、「世帯によって管理・運営され、農業労働者の大半が世帯内から供給される農業経営体」となっている。

しかしFAOは同時に実体的定義として、「家族によって管理・運営され、主に家族の資本・労働力に依存した農業・林業・漁業・畜産・養殖生産を組織化する1手段。家族と農場が連結、共進化し、経済・環境・社会・文化機能を兼ねそなえている」を掲げ、「家族によって管理・運営」「主に家族による資本・労働に依存」「家族と農場が連結、共進化」「経済・環境・社会・文化機能」を家族農業の要件としている。[(6)] つまり家族労働力の利用のみを別格の要件とはしない。

上記の国連報告書にも参加しているボスク他は、①労働力、②資本、③経営、④自家消費、⑤法的地位、⑥土地所有の地位、の6つを基準として、農業経営を企業型と家族農業型、そしてその中間の家族ビジネス型に3区分している。両極だけ示すと、①労働力については、雇用労働力のみを利用する企業型、家族（常勤）労働力のみを利用する家族農業型、②資本については、株主出資の企業型、家族出資の家族農業型、③経営については、専門経営者による企業型、家族による家族農業型、④自家消費については、皆無の企業型、主目的とする家族農業型、⑤法的地位については、有限責任／その他法人形態の企業型、任意組織／農業者の家族農業型、⑥土地所有の地位については、資産あるいは公式借地である企業型と、資産あるいは公式・非公式借地である家族農業型、という区分になる。

このように家族農業の要件として、①家族労働力に依存、②家族資本に依存、③家族による経営、④自家消費が主目的、⑤任意組織／農業者としての法的地位、を家族農業の要件とした上で、家族農業を「家族と生産単位の有機的な連結や家族労働力の結集（常勤雇用の回避）で特徴づけられる農業生産組織（経営体を含む）の1形態。それらの有機的な連結は、家産である生産資本の組み入れ、経営体の内部と外部（市場）の組み合わせ、家族労働力の分担や報酬のプロセスにおける非市場的な運営論理、さらには生産物を最終消費、中間消費、投資、蓄積

に配分する選択から生じている」と定義づける。(7)

２　本論における農業経営の類型化と家族農業の位置

新山は企業形態論の分析視角に基づいて、より精緻に農業経営全体を区分し、家族経営の位置づけを試みる。ボスク他の区分が、家族農業型→家族ビジネス型→企業型という１つの軸での三区分であるのに対し、新山は基本的に、図４－１の上軸と右軸のように、家族経営であるか否かの度合を説明する「家族による所有・経営」(これを家族経営の定義・要件とする)の軸と、企業化の度合を説明する「世帯内部からの生産要素(労働力・土地・資本)の調達」の２つの軸で、農業経営全体を区分する。(8)

まず企業化(企業形態発展)の軸について、家族(世帯)内の生産要素(家族労働力・自己資本・自作地)を結合して生産・経営するのが「伝統的経営」である。その反対側にあるのは、株式を公募して外部から無機能な(株価差益・配当目的の小口の出資で、株主総会の議決に影響を与えない)資本までをも調達する、すなわち企業化が完了し

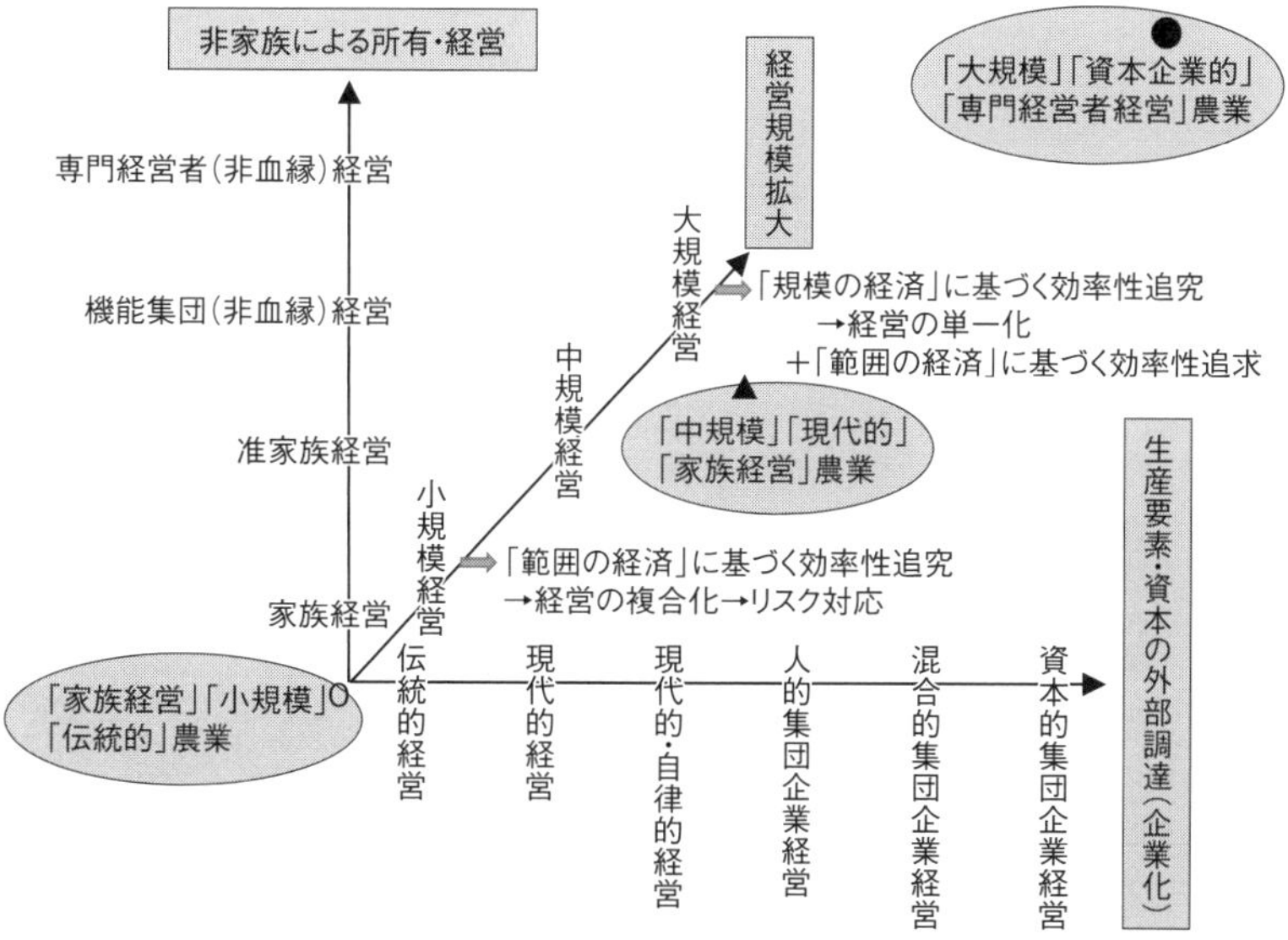

図 4-1　農業経営の多様な形態・発展方向

た「資本的集団企業」経営である。そこまで至らずに、しかし生産要素の市場調達（労働力の雇用、借入金・借入地の利用）が一般的になっているのが日本の現状である。新山はこの、世帯からの分離が不全ながらも外部調達が一般的な、「伝統経営」と「（資本的集団）企業経営」の中間にある農業経営を、「現代的経営」「現代的自律的経営」と呼称する。

なお新山は、生産要素の外部調達の度合が高まると農業経営体が母体の世帯経済から分離して、会計原理やそこにおける収益の捉え方も世帯から自律したものになることに着目し、「外部調達の度合」と「世帯からの分離の度合」を併記し、重ねて説明する。本論では「世帯からの分離の度合」については、自律形態発展と表現し、企業化（企業形態発展）とは別物と考えたいが、以下で論ずるように、家族農業の優位性の多くは、この世帯からの未分離さに基づくものであり、それは生産要素の外部調達の度合（企業化）と反比例する。

そして「家族（同族）による所有・経営」の軸、すなわち経営形態発展の軸について、「家族経営」の反対側にあるのは「企業経営」ではなくて、「機能集団（非血縁）経営」である。

ただし企業化（出資資本に基づく経営）が進む、特に機能資本の外部調達が増えると、非血縁の株主［機能資本家（個別→集団）］による所有・経営となる。この外部調達がより進むと、あるいは非機能資本の外部調達まで至ると、株主が任命する専門経営者による経営となる。新山は農業経営においてほとんど確認できないこの「所有と経営の分離」を検討していないが、ボスク他は、②株主出資と③専門経営者という2基準で「企業型」として区分している。

本章ではこの企業形態発展と経営形態発展の「相関」を意識し、「機能集団経営」の先に「専門経営者経営」、そして「家族経営（個別→集団）」の次に、非血縁者からの出資や経営参加を受け入れるが、過半の出資割合・議決権を家族が維持する、すなわち最高決定権は家族が保持する「准家族経営」を加えておきたい。

これら2つの区分の軸に、筆者はさらに奥軸として、「経営規模」の軸を加えたい。

第3節　農業経営の多様な形態・発展方向──「小規模」農業経営の優位性──

農業経営の持続可能性は、純収益（利益）のプラス（黒字）を要件とする「存続（利益を確保する経済面の持続）」と、その私的役割のみならず、社会的価値観に基づく社会・環境面の役割を果たす要件を満たすことから成立する。ここでは図4－1を参照しながら、持続可能性を確保するための家族農業の発展方向や形態が多様であり、規模拡大のみが絶対的な効率化戦略ではないことを強調したい。

最適規模に至るまでは、経営規模（土地規模）を大きくすれば平均費用が低下し、利益を確保しやすくなる。それが「規模の経済」に基づく効率性追求である。特に大型の農機具・施設や最新の技術を導入しやすくなり（つまり規模拡大しながらの資本集約度引き上げで）、効率性が高まる。その他、専門化にともなう分業面の利益、大型取引にともなう流通面の有利性、融資・助成金を得やすくする信用面の強化など、規模拡大のメリットがある。

しかし小規模なままでも、効率性を追求する余地はある。同一の土地規模に対して多くの資本・労働力を投入し（資本・労働の集約度を高め）、平均費用を低下させる（最適集約度において費用最小）、あるいは収益を引き上げる（最有利集約度において収益最大）戦略である。収益引き上げについては、たとえば労働・技術の集約度を高めて特別の技術（例えば労働集約的な伝統的、有機的な栽培技術）に基づく農畜産物を生産し、それらの希少さを要因とした高価格を実現させる戦略である。また平均費用を低下させる方向には、複数の農産物やサービスを提供し（複合化・事業多角化を進め）、それら複数の品目・部門が遊休状態の経営要素を共有するなどして、別々に生産・提供するより平均費用を低下させる「範囲の経済」、あるいは1＋1が2以上となる相乗（シナジー）効果を追求する戦略がある。

もちろん、経営規模を拡大しながらの栽培品目・事業部門の多様化は、「規模の経済」も「範囲の経済」も働いて効率性をより追求できる。しかし規模拡大のメリットは、上記のように単一作物の専門化、大量化で機能しやすく、単作化（経営の単一化）をともないやすい。そして資金や農地の制約などから規模拡大が困難な場合、品目・部門の多様化（経営の複合化）が追求されるが、1品目の凶作が他品目の豊作で打ち消されるなど、多様化・複合化は農業経営が抱える大きな生産・価格リスクへの対処にもなる。つまり最適規模・集約度を超えるとそれらを引き上げるメリットが減ずる（農業の場合、その最適な規模・集約度が比較的小さい）という理由だけでなく、資金不足などの内部資源の制約や、生産・価格リスクが大き過ぎて利益を確保しにくい、あるいは山間部の農地不足などの外部環境の制約の下では、小規模なまま「範囲の経済」を追求するのが効率的であると言える。この「範囲の経済」追求や生産・価格リスクへの対処をしやすいことを、「小規模」農業経営の優位性として強調したい。

以上は経営規模の軸に関連する、家族農業の経営発展方向についての説明である。また企業形態の軸について、規模を拡大しようとすると、経営内部の生産要素を結合するだけでは不足し、外部からの生産要素の調達が不可欠になる。さらに経営形態の軸についても、機能資本の外部調達が増えると機能集団経営になるというように、3つの軸ともに相関する。それゆえ「小規模」「伝統的」「家族経営」（図4－1原点）を「家族農業」、そして「大規模」「資本企業的」「専門経営者経営」（図4－1右上奥）を「企業農業」と呼称し、「家族農業」と「企業農業」を反対側に位置するものと捉えてしまうことが多い。そして私的利益の効率性のみで評価し、非効率な「家族農業」を残すよりも「企業農業」を育てるのが望ましいという主張になってしまう。

しかし家族による経営の形態だけをみても、図４－１原点の「小規模」「伝統的」「家族経営」から右の方向へ、「伝統的経営」「現代的経営」「企業経営」という多様な企業形態があり、さらに奥の方向へ、「大規模」なもの（「規模の経済」を追求しやい）「小規模」なもの（「範囲の経済」を追求しやすい）といったように、多様な形態・規模が存在する。下記のタンザニアおいては、「小規模」「伝統的」な「家族経営」がほとんどだが、日本においては、「中規模」「現代的」な「家族経営」が増えており、フランスにおいては、「大規模」「企業経営」の「家族経営」が増えている。

そして右記のように、小規模でも私的利益を効率的にする余地があり、また規模に応じた企業形態、そして企業形態に応じた経営形態がある。存続している農業経営であれば、多様な形態・規模に応じた私的利益確保の工夫・努力をしているのが普通である。また十分に効率性を追求できず、私的利益を得られてない場合でも、経営体を取り巻く社会経済・自然環境の保全などの社会的役割を果たしていれば、市場価格に反映させにくい、公共財・サービスを提供しているに等しいのであり、道路や公園を政府が整備するのと同様、政府の助成金で経営体の持続を保障するのが望ましい。

環境・景観の保全という自然環境面は言うまでもないが、社会経済面についても、例えばアジアとアフリカの途上国において、私的利益を十分に確保できている農業経営はまれだが、2㌶未満の小規模農業が、同地域で消費される食料の約８割を生産するという、大きな社会的役割を果たしている[9]。私的利益を得る効率性だけで評価し、小規模農業の社会的役割を軽視する政策を採った場合、途上国の食料保障・栄養補給が脅かされるのは目に見えている。

第4節　「伝統的」「家族」農業経営の優位性

1　企業形態の軸――「伝統的」であることの優位性――

（1）生産要素を外部調達する度合の低さ

①雇用労働力の場合は高い取引・管理費用が求められるが、家族労働力の場合は互酬性の下で労働インセンティブが高く、特に労働集約的農業においては、高い生産性や収穫量につながる

②マニュアルでは移転しにくい匠の技、標準化困難な高度な栽培技術を、子供たちは幼少期から、「実地学習」を通して親から受け継ぐことができる

③経営費（雇用労賃などの支払い費用）が少ないので損益が悪化しても切り詰められる（倒産へのバッファが大きく経営が強靱である[10]）

④標準化が難しい農作業において、右記の長期の技術移転や経営の強靱さに加え、労働者のフリーライドの抑制（監視しなくても勤労）や細切れの労働供与を可能にする[11]

⑤乏しい土地資源に対して、樹木、家畜、養殖を結び付けて最大限利用する

⑥家業・家産として経営継承されやすい[12]

（2）経営体（所得経済）が家計（消費経済）から自律する度合の低さ

①生産↓消費の結び付き

（i）農家（世帯）の食料保障と栄養供給に直接的に貢献できる

(ii)生産水準引き上げが直接的に消費・所得水準を引き上げ、経済成長につながりやすい
②家庭（互酬性）→生産の結び付き
(i)外的ショックが生産と家庭の両者に及ぶと投資制約につながるが、家庭（地縁・血縁関係）による互酬的なつながりによって農村社会に回復力をもたらしやすい
(ii)互酬的なつながりが社会的ネットワークにおける共同投資を促したり、連帯意識を醸成し、農村部の生産者組織などを介して市場での取引力を高めたり、公共政策の場で発言力を発揮する
③家計→所得の結び付き
リスク・不確実性への対処が最も望ましい経営環境の下では、大規模農業への専門特化でなく、都市や農村での農外賃労働に従事するなどの所得源の多様化戦略が適切になる

2　経営形態の軸──「家族経営」であることの優位性──

(1)　自給・生存を重視する経営目標・行動

①家族の養育、地縁・血縁の互酬関係の維持のため、自給食料を共有しており、不安定な市場から自らを守るリスク管理戦略になっている
②経済危機の時には農外部門での失業者を受け入れる経済的な避難所になるなど、食料保障のみならず経済全体の安定性に貢献する社会的セーフティーネットとしての役割を果たす

(2)　地元を熟知する経営者

①地元において時間をかけて発展してきた農業や文化などの知の体系を活かし、地域の生態系や社会様式の特

性に適応し、地域資源に本質的基礎を置いた高度に生産的なシステムに農業を変えていく能力を持つ
②伝統的な生産システムの下での地元の環境・生物多様性や景観・風土の保全に貢献する能力を持つ

(3) 家族・家産を熟知している経営者

「生産要素を外部調達する度合の低さ」の優位さとして論じたように、労務管理をはじめとする生産要素の管理・統制が容易である

第5節　キリマンジャロにおける「伝統的」「家族」農業経営の優位性

1　キリマンジャロの農家経済経営の基礎構造――経営目標の異なる二つの経営部門――

本章後半では、キリマンジャロ山中の農家経済経営（「小規模」「伝統的」「家族経営」）において、上記の「伝統的」「家族」経営の優位性を十分に確認できるものだけを列挙して具体化する。

筆者は大槻正男の農家経済経営の基礎概念について再検討した上で、タンザニア北部・キリマンジャロ山の西斜面（標高約1500〜1700メートル）にあるルカニ村（人口1482名、世帯数355戸のチャガ民族の1農村）において、農家経済経営調査（参与観察、聞き取り調査、現金現物日記帳の記帳）を続け、図4−2のように、平均的な農家経済経営の構造を明示できるようになった[13]。

チャガ民族（キリマンジャロ山中の住民）は二つの畑を持つのが一般的である。二つの畑を合わせて約2ヘクタールの経営規模になる。山麓（標高約1000メートル）にある草原を開墾した「下の畑」においては、トウモロコシ、豆類、ヒマワリなどが栽培されている。山中にある家屋を取り巻く「家庭畑」においては、コーヒー、バナナ、芋

類、果物類などの栽培と、牛、羊、やぎ、ニワトリなどの飼養がなされている。

それら多様な農畜産物を、「男性産物」と「女性産物」に2区分するのがチャガ民族の伝統である。コーヒー、トウモロコシ、牛（肉）などは「男性産物」、バナナ、豆類、牛乳などは「女性産物」である。両者を分かつのは、特に経営目標の違いである。

右記のように「男性産物」は利益追求、「女性産物」は家計安全保障を目標として生産されている。

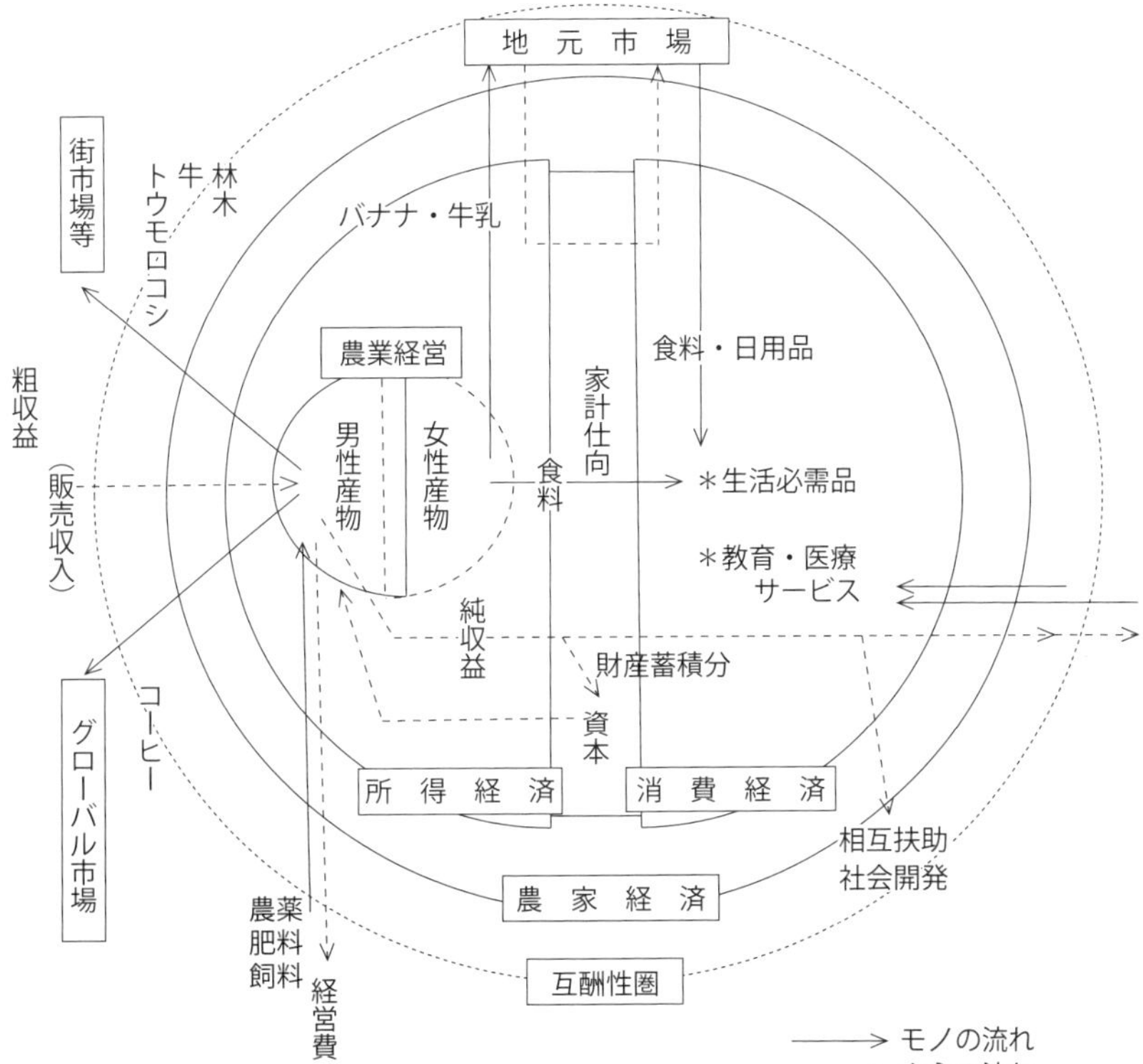

図4-2　キリマンジャロの農家経済経営の基礎構造

2　範囲の経済の追求：乏しい土地資源の下での多様化戦略［優位性1―(1)―⑤］

低費用の下での経営の強靭さ［優位性1―(1)―③］

まずは低費用農業を追求してリスク・不確実性に対処するチャガ民族の工夫を紹介しよう。それは多様な共栄（生産補完・補合）作物（コンパニオンプランツ）を混作し、範囲の経済やシナジー効果を追求することである。つまり品目・部門の多様化により費用を削減して何とか利益を確保する、農地不足の制約の下での家族農業の優位性である。

最初に「下の畑」におけるトウモロコシと豆類の混作について、トウモロコシの日陰になる下層の遊休空間を耐陰性の高い豆類が活用する工夫である。また豆類は、根に共生する根粒菌が空気中の窒素を固定し、地力を維持する機能を持つ。つまりトウモロコシが求める窒素分を奪わずに育つ。

豆類は乾燥に強くないが、トウモロコシは比較的強い。それゆえ干ばつがひど過ぎなければ、枯れた豆類によって固定された窒素分も吸収しながら、トウモロコシは何とか育つ。トウモロコシの害虫と豆類の害虫はお互いを嫌うこともあり、干ばつや病虫害の発生にともなうトウモロコシと豆類の共倒れは少ない。

同様の工夫が、「家庭畑」において、よりダイナミックになされている。山間部であり横の空間、すなわち農地面積が限られるため、縦の遊休空間を有効に活用している。4～5層構造になっており、最下層に芋類・豆類が栽培されている。豆類については、「下の畑」と同様に地力維持の役割がある。下から2層目に、直射日光を嫌うコーヒーの木が、バナナの木（3層目）と高木・中木（最上層）の木蔭で育まれている。上から2層目にオレンジやパパイヤなどの果樹を見つけることもできる。

以上の農林複合経営に対して、さらに畜産が費用削減の方策としてからみあう。バナナの茎・葉などが家畜の飼料となる一方で、家畜の糞は堆肥化され、バナナやコーヒーの根元へ施肥される。高価な購入飼料・肥料を購入しなくても、主食であるバナナと牛乳、そして最大の現金収入源であるコーヒーを十分に収穫できる。特にコーヒーは価格変動が激しいが、価格暴落のリスクが高くても生産を持続できるのは、この低費用のおかげである。

3　環境保全という社会的役割：伝統的な生産システムの下での環境保全［優位性2―⑵―②］親からの長期の技術移転［優位性1―⑴―②］

山間部の限られた面積の農地において、縦の空間を複数の農林産物が共有して費用削減するこの農林畜複合経営は、低費用化を目的とする（私的利益を追求する）戦略として確立された。しかしその背景には、チャガル民族が伝統的に共有してきた森林保全の社会的価値観がある。

森林・環境保全に貢献する農法（土地利用形態）として名高いアグロフォレストリーの代表事例として、このチャガ民族の農林畜複合経営は世界的に有名になっており、2011年に国連食糧農業機関（FAO）の世界農業遺産として認定されている。そしてこの伝統的な生産システムの知識・技術は、幼少期からの「実地訓練」を通して親から暗黙的に受け継いでいるものである。

4　「女性産物」（家計安全保障産物）の役割：自給・生存を重視する経営目標・行動［優位性2―⑴］の影響としての食料保障・栄養供給［優位性1―⑵―①―ⅰ］

「女性産物」は、自家消費（農産物家計仕向）と少額の現金収入（→食料・日用品費）のための農畜産物であり、最低限の家計水準の維持（生活必需品の確保）、すなわち家計安全保障を経営目標とする。

つまり女性は、「女性産物」を自家消費用として十二分に確保した上で、余剰を平野部にある地元市場に持参して販売し、その販売代金で同市場において、山間部で生産できない食料・日用品の買い物をする。このように「女性産物」は、女性の「財布」の役割を果たしており、食料保障・栄養補給はもちろん、生活必需品の保障をも担っている。

ただし［優位性1—⑵—①—ⅱ］の、経済成長につながる消費・所得水準の引き上げについては、「女性産物」にその力はないし、そもそも「女性産物」経営の目標となっていない。「自給・生存を重視」するのが「女性産物」であり、右記の近年のバナナのように、経済成長・開発や利益最大化の目標・行動とは相反することが多い。そのため「女性産物」部門と「男性産物」部門は明確に2区分され、後者が開発・利益をめざす。

5 「男性産物」（利益追求産物）の役割：所得引き上げ・経済成長［優位性1—⑵—①—ⅱ］の不全と互酬制度の下での回復力［優位性1—⑵—②—ⅰ］

「男性産物」は、多額の現金収入のための農畜産物であり、開発・利益の追求を経営目標とする。販売代金は、次年度の農業経営費（純収益→資本→農業経営）と家屋建設費（純収益→財産）に加え、家計費の中の教育・医療費（純収益→教育・医療サービス）として支出される。

興味深いのは、「男性産物」の販売収入から上記費用を差し引いても現金残高がある場合、拡大家族（近年は父親を中心とする3世代の血縁関係に縮小しているが、それでも100名をゆうに超える）単位の相互扶助システムや、村・教会が主導する社会開発プロジェクトが支出先になることである。つまり「自給・生存を重視する経営目標・行動」について、農家経済（世帯）単位の互酬を「女性産物」が担う一方で、拡大家族・村単位の互酬を「男性産物」が担う。

しかし近年、「女性産物」が前記のように役割を果たしている一方で、「男性産物」コーヒーの価格低迷や、息子への均等相続にともなう畑の小規模化が主因で、その販売収入を相互扶助の資金源とするのが困難になっている。専業農家は専ら、支援を受ける側にいる。特に医療費のほとんどと教育費の一部を、出稼ぎ者が拡大家族のリーダーとなって積極的に負担している。この強靭な互酬制度のおかげで、教育費を確保するという「男性産物」経営の最低限の目標が不全でも（コーヒーの大きな価格変動リスクの下で満たされないことが多くても）、コーヒー生産を何とか回復、持続させてきた。

6 「伝統的」「家族経営」の内発的発展：地元を熟知する経営者［優位性2―⑵―②］の強い連帯意識［優位性2―⑴―①と優位性1―⑵―②］を活かして

しかしながら2000年代前半、コーヒーの国際価格が史上最安値水準に落ち込み、ついにコーヒーからトウモロコシ（新たな「男性産物」）への転作、あるいは出稼ぎ［優位性1―⑵―③］が大きく進んでしまった。「所得引き上げ・経済成長」［優位性1―⑵―①―ii］を発揮できなくなった「男性産物」コーヒーの代わりに、新たな「男性産物」トウモロコシにとどまらず、「女性産物」バナナをも街市場へ積極的に販売して、「男性産物」の減収を補うようになってきた。自家消費・「財布」用のバナナ不足が懸念されるようになり、「自給・生存の重視」［優位性2―⑴―①］や「食料保障・栄養供給」［優位性1―⑵―①―i］の「女性産物」経営の優位性も危うくなっている。

また出稼ぎが進み、日常的な畑の管理を雇用労働者に任せることが増えつつあるが、農産物販売代金や家財を持ち逃げされる事件がよく起きる。家族による労働でなくなれば、その優位性は［1―⑴―①や1―⑴―④］もちろん失われていく。さらに転作したトウモロコシは、直射日光を好むため、同じくコーヒーに代わる林木の販売がブームになったことと相まって、森林伐採が進んでしまった。「環境保全への貢献」（優位性2―⑵―②）も危機に瀕している。

しかし家族による経営は保持されていることもあり、「互酬性に基づく強い連帯意識」［優位性2―⑴］やその下で取引力を強めるコーヒー農協が残っており、コーヒー産業の復旧に努めている。ここに日本におけるフェアトレード消費がつながっている。コーヒーの販売収入で教育経費を捻出さえできれば、バナナを過剰販売する必要性が減り、再度、「男性産物」が利益最大化・開発促進、「女性産物」が家計安全保障を分担するようになる。そしてアグロフォレストリーの復興で環境保全にも貢献できる、地元で発展してきた農業・文化の体系がよみがえるだろう。

「地元の熟知」［優位性2―⑵］として強調されているように、この在来の農業・文化の体系に基づく内発的発展は、「親からの長期の技術移転」［優位性1―⑴―②］が可能にするものであり、まさに「伝統的」「家族経営」の優位性である。外来者による経営や雇用労働、さらには他産地の農業経営による模倣が難しく、自らの農産物をしっかり差別化できる。第3次レジームの特徴である市場二極分化の高品質・高価格市場の側に絡んでいける（標準食品の側での経営持続は困難）、家族農業がめざすべき発展方向と言えよう。

第6節　むすび――家族農業経営を持続させる意義と方策――

キリマンジャロ山中の「小規模」「伝統的」「家族」農業経営は、山間部における規模拡大の困難さ、大きな生産・価格リスクなどの外部環境の強い制約の下で、所有する土地・資本が不足する内部資源の制約もあって、

「範囲の経済」に基づいて経営費を削減する方向へ発展してきた。その結果として、「伝統的」「家族」農業経営の優位性と主張される「伝統的な生産システムの下での環境・景観保全」や「食料保障・栄養供給」などの高い社会的役割を果たし、FAOの世界農業遺産として認定されるに至っている。この「伝統的」「家族経営」の優位性とされる多くの社会的役割がゆえに、第3次フード・レジームの特徴である強い社会運動体は、小規模家族農業の持続を訴えるし（その影響として、国連家族農業年やFAO世界農業遺産を位置づけることもできる）、既述のように、政府が助成金などで支えるべき部分になる。

ところがEU諸国のような、アグロエコロジー化（低投入、資源循環、有機など）をはじめとする農業経営の社会的役割に、多くの助成金を費せる先進国政府とは異なり、途上国政府による農業経営に対する直接支払いはほぼ皆無である。それでもキリマンジャロ山中においては、同じく「伝統的」「家族」農業経営の優位性とされる「低費用の下での経営の強靱さ」「互酬制度の下での回復力」によって、何とか経営を持続させてきたが、コーヒー価格の暴落で私的利益確保（「所得引き上げ・経済成長」の優位性）を見込めなくなり、世界一高い評価を得た社会的役割さえ果たせなくなっている。

つまり「伝統的」「家族」農業経営の優位性とされ、キリマンジャロ山中においても確認できた高度な社会的役割も、その対価を受け取れないこともあり、私的利益確保の条件を整えないと消失してしまう。しかしながら新自由主義農業政策の下で、政府による市場価格の下支えは、世界中で消えつつある。

そこでフランスにおいては、価格決定を市場だけに任せて農業者にとって安すぎる生産者価格が実現しないよう、農業者と食品加工・小売業者の間の販売契約の締結を促そうとする政策や、生産原価を価格形成の基礎ととらえ、それを下回る価格での農業者からの買いたたきを阻止しようとする政策が導入されている。そもそもフランス政府は、農業経営の企業化・法人化を推奨しながらも、家族経営の優位性・役割を重視し、その特性を残そうとしている。経営規模については、従来の大規模化への執着が海外からの安い農産物輸入で台無しになって切りがないという理解の下で、効率性よりもアグロエコロジーを重視する政策に転換している。同政策の下では、「規模の経済」に基づいて私的利益を追求する大規模家族経営（GAP導入）に隣接して、社会・環境保全に貢献する小規模家族経営（地元向けの有機農産物生産）が存在し多様な農業経営の共存で農業・農村を活性化することが理想になっている。さらにその大規模農業についても、少数の経営者への土地集中が青年農業者の就農・経営継承を困難にするという理由から、その上限面積を課す経営構造コントロール制度が導入されている。

また家族農業が果たす社会的役割への対価としての助成金を期待できないのであれば、上記のキリマンジャロ・コーヒーのフェアトレード・プロジェクトがそうであるように、香味だけでなく、貧困削減、教育水準引き上げ、森林保全などの社会的役割を果たすことができる「高品質さ」で、それら社会的役割に積極的に対価を支払いたい消費者市民を誘うという、第3次レジームの特徴である消費者市民や高品質・高価格市場の発展を見込んだ取り組みも重要だろう。

最後に強調したいのは、本章で挙げた「伝統的」「家族経営」農業の優位性の多くが、地元の資源を有効活用して助け合って生き抜いていくという、血縁・地縁関係に基づく互酬性の価値観を、家族・地元住民間で共有できている前提で、議論されていることである。キリマンジャロ山中はもちろん、筆者のその他の調査地である京都府綾部の米産地や和歌山県みなべの梅産地も、この互酬性の価値観が強く、共有もされている。ともに「中規模」「現代的」「家族経営」と区分される、綾部（米主体）とみなべ（梅主体）の専業農家は、直接販売による利益追求を貫徹できるのに、農協出荷をも重視し、地域全体の発展・活性化に貢献するのを使命としている。しかし日本においても深刻化する農業経営の高齢化や後継者不足の問題は、家族で助け合って家業・家産を守るべきという価値観が薄れ、親子間での意思疎通・価値観共有が容易でなくなっている証拠だろう。家族農業経営を持続させる意義づけは、「血縁・地縁関係に基づく互酬性の価値観の共有」次第であると言える。

注

（１）詳しくは、ハイエット・フリードマン（渡辺雅男・記田路子訳）『フード・レジーム――食料の政治経済学――』２００６年、こぶし書房、を参照されたい。

（２）国連世界食料保障委員会専門家ハイレベルパネル（家族農業研究会／（株）農林中金総合研究所訳）『家族農業が世界の未来を拓く――食料保障のための小規模農業への投資――』農文協、２０１４年。

（３）『家族農業が世界の未来を拓く』において、現在と未来の役割については、主に第2章第1節で議論されている。また家族農業がすべての国や地域に存在しており、多くの場所で標準的存在であるという理由や、貧困や飢餓に苛まれているのが家族農業であるという理由から導き出される役割については省略する。また『農業と経済』による補足の部分については、注で出所先を示す。

（４）引用している小規模農業の定義は、国連世界食料保障委員会専門家ハイレベルパネル、前掲書、20頁。

（５）詳しくは、斎藤潔「進む家族農業の大規模化と生産集中、そして構造改革のゆくえ」『農業と経済』第80巻第８号、２０１４年9月、77～86頁、を参照されたい。

（６）La Recherche Agronomique pour le Development（CIRAD）, *Family Farming around the World: Definition, Contribution and Public Policies*, CIRAD, 2015,p.15.

（７）Bosc. P. -M. Defining, Characterizing and Measuring Family Farming Models,Jean-Michel Sourisseau（ed.）,*Family Farming and the Worlds to come*, Springer, 2015, chapter 3.

（８）詳しくは、新山陽子「「家族経営」「企業経営」の概念と農業経営の持続条件」『農業と経済』２０１４年9月号、5～16頁、を参照されたい。

（９）国連世界食料保障委員会専門家ハイレベルパネル、前掲書、49頁。

（10）新山陽子、前掲稿。

(11) 飯國芳明「家族経営を経済学でとらえる」『農業と経済』前掲号、33～43頁。
(12) 岩元泉「家族農業経営の継承による持続性」同上誌、24～32頁。
(13) 詳しくは、辻村英之『キリマンジャロの農家経済経営――貧困・開発とフェアトレード――』昭和堂、近刊、を参照されたい。

第5章

新自由主義政策下における集落営農の本質――抵抗と適応――

伊庭治彦

第1節　はじめに

我が国農村における農業生産に関わる組織的な活動の歴史は古く、現在の集落営農の嚆矢と言われる島根県での取り組みが始められてから既に40年を越える[1]。集落営農への取り組みの経緯は地域の条件によって異なり、さらに組織の内部環境・外部環境の変化において組織の活動や運営の方法や・目標は多様に変化している。例えば、(都市近郊の平坦地域といった)条件良好地域においては、多くの場合兼業機会を有効に活用するために農作業を省力化し、併せて家産としての農地の保有と集落の住環境の維持を図ることが目的となる。このような地域では現状維持が目標となり、内部(労働の減少)・外部(市場条件の悪化)の環境変化に対しては、目標にそった必要最小限のさらなる効率化が図られる。一方、集落営農を組織しなければ地域の営農の維持・農地の保全

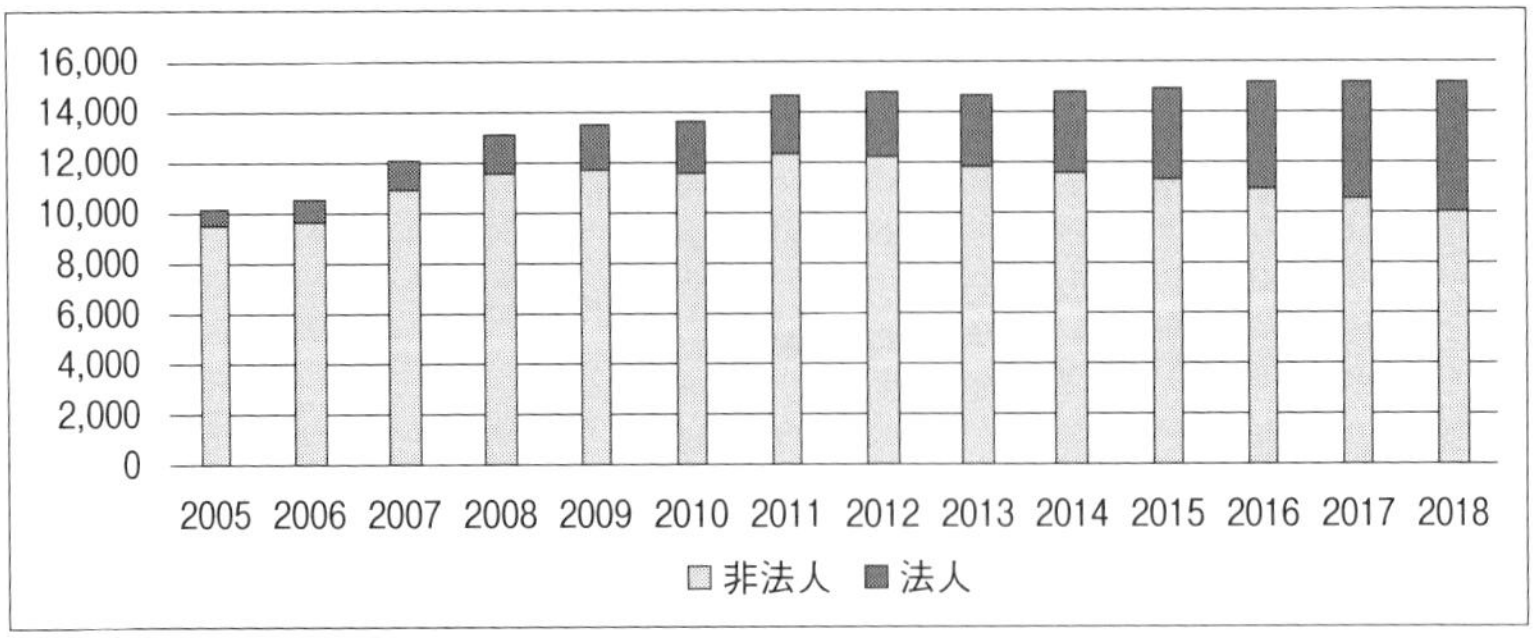

図 5-1　集落営農数の推移

出所：農林水産省『平成 30 年集落営農実態調査』H30.2.1

が困難になる中山間地域のような条件不利地域においては、農業生産だけではなく社会生活の維持が組織の目的となる。集落営農はその目的の遂行に向けた目標を設定し種々の活動に取り組むことになる。さらに、内部・外部環境の激化に対して、集落営農はより高い水準での長期的な効果が得られるような活動への取り組みを目指すことになる。また、全国的な傾向としては２００７年より実施された品目横断的経営安定対策において一定の条件を満たした集落営農が事業の対象主体として認定されたことにより、形式的な体裁を整えたのみの組織を含めて集落営農が各地で急増した（図５－１）。

では、全国的に社会現象化しつつも多様な展開を見せる集落営農に共通する本質はなんであろうか。多くの組織が環境変化に対して独自の適応を図りながら取り組む生産の効率化といった外形的な共通性の基底にある活動の源泉はなんであろうか。集落営農の特徴は多様性であるが故に、その答えを見つけ出すことは容易ではない。ただし、近年の国政の基本的枠組みである新自由主義政策の下で活力を喪失しつつある条件不利地域において、地域住民の社会と生活の維持に対する強い信念を多くの事例から見いだすことができる。効率性が支配する市場における競争の敗者に対する撤退圧力の強まりや、社会サービスの供給が激減することによる生活の維持の困難化という流れに抗うと同時に、そのような環境変化における適応のあり方が模索され取り組まれている。

以上の現状認識に立ち、本章では条件不利地域を念頭に置きつつ、地域社会の維持を目的として活動を行う集落営農の本質を明らかにしたい。

第2節　新自由主義政策と集落営農

日本における地域社会に対する社会サービスの供給は、政府からの助成金や交付金を不可欠の財源としながら、地方公共団体が中心となり地域間の平等性の維持を原則としつつ担ってきた。しかし、2000年代前半に推進された市町村合併において状況は大きく変わる。1990年代の不景気から抜け出し、経済を立て直す一環として「小さな政府」を目指していた小泉政権は、国庫補助金や地方交付金を削減・見直すとともに地方公共団体へ財源（税金）の一部を移管し、地方公共団体に対する権限と責任の移譲と、自助努力による行政運営のための体制整備を進めた。ただし、この「三位一体の改革」が推進された結果は、安定した税収基盤をもつ地方公共団体とそうでない団体間の格差を助長するものでもあった。このことの対処として、財政力の弱い自治体に対しては合併による財政基盤の強化と行政サービスの効率化が提唱され「平成の大合併」が推進された。その結果、市町村数は2000年の3229から2005年には2395、2010年には1727と10年間にほぼ半減した。しかし、往々にして、合併後の新自治体において条件不利地域に対する社会サービスが効率化の名の下に削減されることとなった。例えば、役場や小・中学校の統廃合、路線バスの廃止といった公共サービスの縮小が、多くの条件不利地域において見られた。さらにこのことが、小売店やガソリンスタンド等の民間企業が供給するサービスの縮小・撤退を招いたことは必然的であった。これまで生活する上で必須であった種々のサービスを受けることが困難になることは、当該地域社会の存続を危うくする直接の要因に他ならない。このような地域社会の存続に関わる環境変化を引き起こし加速している２０００年代前半以降の政策は新自由主義政策と呼ばれる。新自由主義は、英国のサッチャー政権や米国のレーガン政権による財政改革を嚆矢として、１９８０年代以降の世界的な潮流となってきた。

新自由主義政策は、一般に規制緩和等にみる経済活動への政府の介入を縮小し、代わって市場原理主義をより広く社会に導入することにより効率的な生産活動および社会厚生の最大化を目指すものと解される。(3) たしかに、新自由主義政策による市場競争の激化は価格破壊を生じることにより消費者に歓迎される一面を有する。最低限の規制の下で個々の経済主体が自己責任において市場競争に参加し、その結果において効率的な社会経済の構築が目指される。競争が市場の運営原則のみならず社会の統治原則となり、縮小された公共部門は民間営利部門による社会サービスとして市場において取引されることになる。非効率であるが故に市場化が困難な分野は、地域住民の自己責任として民間非営利組織等の取り組みによる自助的な供給に依るところとなる。また、新自由主義は競争による経済の効率化が社会厚生を増大するとの主張と同時に、「結果の平等」を求めること、および自由を制限することによる非効率を弾劾する。フリードマンは「『平等の結果』という意味における平等を自由よりも強調する社会は、最終的には平等も自由も達成することになしに終わってしまう(4)」と、自由の重要性を根拠づける。ただし、新自由主義が社会厚生を増大する機能を充足するための条件として「公平性が担保されるルール」の下での競争が行われることが必要である。しかし、現実には多くの市場において「公平性が担保されないルール」の下での不公平な競争が行われる。その結果、市場は独占市場化が進むことになり、特定の階層が勝者となり続けている。(5) 一方、市場競争の敗者は日本では「負け組」と呼ばれ経済的・社会的弱者となる。負け組階層は流動せず固定化される傾向にあり、社会全体の厚生に深刻な影響を与えている（図５－２）。

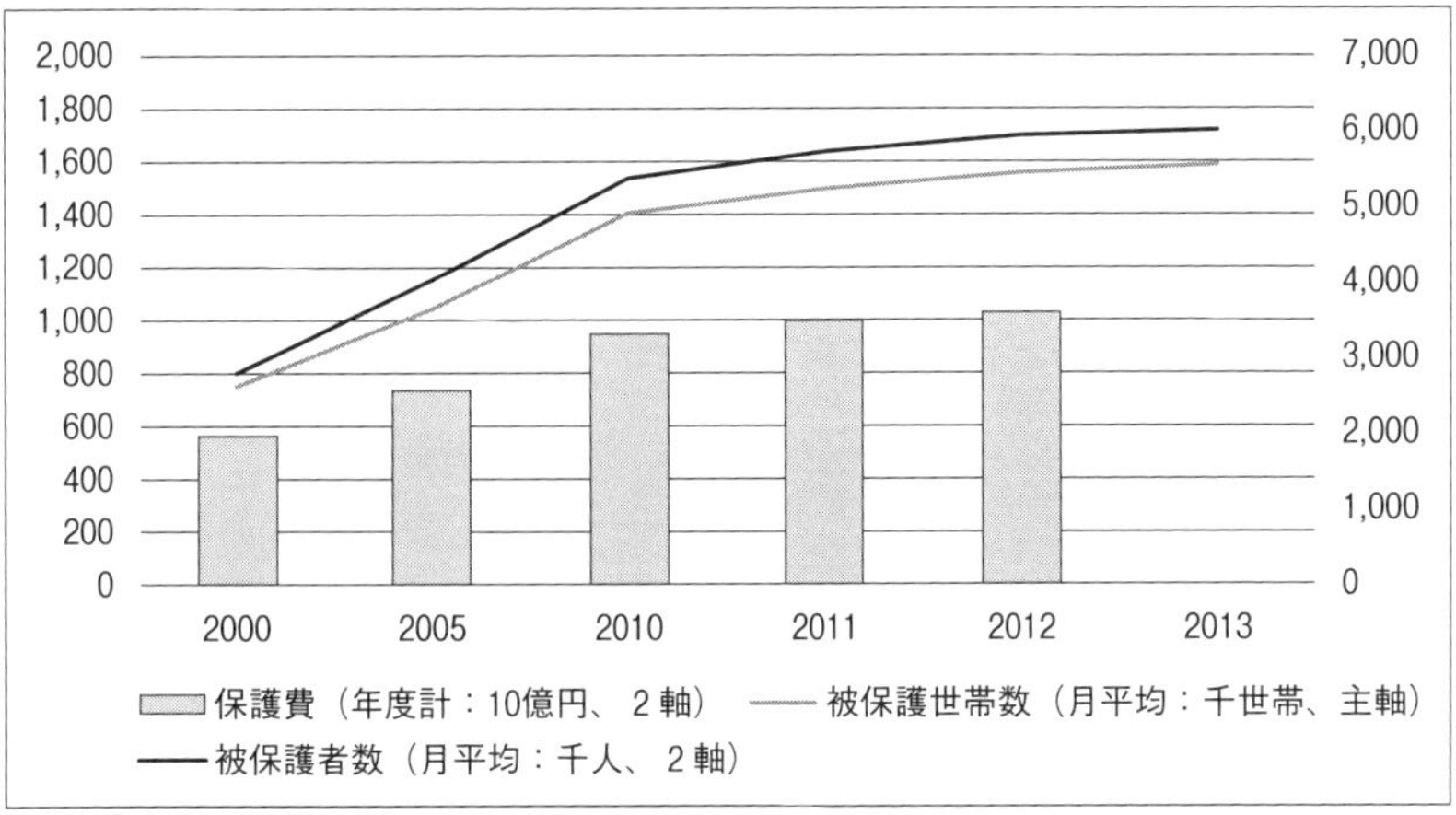

図 5-2　生活保護実績の推移

出所：厚生労働省社会・援護局保護課「被保護者調査」

スティグリッツの指摘するように、新自由主義は厚生の増大を担保せず[6]、勝ち組の利得が増加しても往々にして社会全体のパイは縮小するのである。現実社会において公平な競争が実現されない以上、個人が限りなく責任を負う「自由」という名の競争の結果は、社会的に許容されない水準の不平等を産み出し、社会厚生は低下する。不公平な競争に参加する勝ち組は、競争に参加する前から勝ち組であり、勝ち組であり続ける。公平な競争を実現できず、また、競争の結果としての不平等性が社会を不安定化する危険水準を越えるのを防止できない以上、新自由主義の主張はユートピアの世界でのこととなる。「自由が堅持される限り、このような特権的な立場が社会制度化されてしまうのを、自由な社会は阻止してくれる[7]」ことは幻想に終わらざるを得ないのである。

新自由主義政策下においては、経済格差や厚生格差は個人の間だけではなく、地域間格差として周辺部地域の生活条件の低下として顕在化し、当該地域社会の持続性に深刻な影響を与えている。地域内で行われる経済活動に対する短期的な評価とその成果としての資本の蓄積量が社会サービスの供給量を規定するからである。「空間や時間において資本蓄積が法律のようにふるまう」[8]のである。地域社会の厚生水準の低下がまずもって条件不利地などの「周辺部」地域に現れていることは、新自由主義政策の必然的結果といえる。条件不利地域において経済活動を行う主体にとって、不公平な競争が行われる市場で生き残ることは困難であり、当該地域の経済活動と資本蓄積は縮小しつづける。その結果、社会サービスが打ち切られることにより社会厚生は低下し、負け組み地域としての烙印を押されつづけることになる。

このような不公平な競争に対して、条件不利地域に位置する集落の農業者や住民が地域農業および地域社会を維持するための自助努力として取り組む方策の一つが集落営農である。集落営農の形成に際して主として目標となるのは、生産や経営の共同化をとおして規模の経済を享受し経済活動を効率化することである。しかし、条件不利地域に位置するが故に享受しうる経済性には限界がある。また、短期的に経済効率性の上昇に成功したとしても、長期的に市場における優位性を維持することもまた困難である。その結果、条件不利地域における経済活動の効率性の低さに起因して資本蓄積が低位に留まる時、社会サービスの供給が減少の一途を辿る当該地域から人的資源が流出することになる。すなわち、集落営農は万能薬ではなく、不公平な競争に留まる限り条件不利地域は負け組から抜け出すことは至難となる。このような状況において、集落営農が「社会貢献型事業」[9]を実践することの意義が生じる。市場財として社会サービスを調達できない状況では地域社会自らが自給する必要が生じ、その主体として適任組織たり得るのが集落営農である。

多くの社会サービス事業は、短期的な経済効率性が低評価であっても、地域住民の安定的な生活を保証することをとおして長期的にはより大きな社会厚生を産み出し、地域社会に人的資源を蓄積する。したがって、集落営農が社会サービス事業を継続して実施するには、長期的なスパンで費用を回収しうる事業構造を構築することが必要になる。

すなわち、事業の実施に直接投入される諸資源の対価としての費用の他に、長期的な費用回収に関わる費用（＝当該事業を継続的に運営するための費用を意味する「継続費用」）が負担されなければならない。具体的なイメージとしては、当該事業の受益主体である地域住民が、種々の形態をとり顕在化する継続費用を負担することと、そのためのシステムが事業構造に組み込まれることが必要となる。換言すれば、地域社会を維持することにより産み出される厚生の受益主体が、地域社会を維持するために継続費用を負担するシステムの構築が必要になる。例えば、集落営農が行う社会サービス事業自体に、その継続費用を負担する地域住民が事業参画しうる機会を提供すること等が考えられる。

経済活動の効率化のみを手段とする問題の解決には限界がある。その限界を乗り越えるには効率化競争への参加と同時に、別の論理に基づく生き残りのための事業や活動を模索し合わせ行うことが必須となる。それは、地域社会の維持から得られる厚生が長期的なスパンから適正に評価され、そのための継続費用が厚生の受益者により負担されるシステムを包含する社会を構築することを意味する。このことにより新自由主義政策下における条件不利地域の地域社会の維持の道が拓かれると考える。

第3節　集落営農の概念の拡張による展望——事例からの検討——

本節では地域農業の維持活動を梃子に地域社会の維持を図る集落を事例として、本章の課題に即して検討したい。事例とする走井集落は中山間地域に位置し、共同機械利用組織を形成してはいるが利用率は低く、各農家は個別に営農を行っている。現在の集落営農の定義に当てはめれば先進的事例とは言えないが、その取り組みは集落営農の今後の展開を検討する上で重要な材料を提供すると考える。すなわち、走井集落では地域社会の維持を目的として地域農業を有効に活用しながら多様な取り組みを実践しているが、地域農業の維持活動が住民の過剰負担にならないことを基本としている。このような特徴に基づく事業運営の論理を明らかにすることは集落営農の組織と事業の概念を広げる試みになると考える。

1　走井集落の概要

滋賀県栗東市の南部に位置する走井集落は総戸数14戸の小規模集落である。農地所有世帯は（檀家寺の2寺を除く）12戸、農業従事世帯は7戸（および通作者1名）である[10]。住民数は45名であり、高齢化率は高く60歳以上は23名（52％）、うち70歳以上は17名（37％）である。また、就学層は小学生3名、中学生1名、高校生3名の計7名（16％）である[11]。

社会条件は、京都や大阪といった都市圏への通勤が可能であることから悪くはない。しかし、圃場だけでなく住宅地も傾斜地に位置しており日常生活における不便性は高い。そのため、若年層住民の「山から降りる」傾向は止まらず現在も過疎化が進んでいる。ただし、大都市圏へ移り住むよりも集落から30分以内の市内あるいは近隣市への転居が多く、転出後も通作により農業を営む農業者もいる。このような転出形態は、転出後も集落との関係を維持したり、集落に残る高齢家族員をケアしたりすることを可能とするものである。

一方、営農条件は中山間地域に位置することから条件不利性が高く、低位にある生産効率を改善することは困難と言わざるをえない。農地面積10・4ヘクタールのうち30％超が急傾斜地（1／10以上）である。圃場の60％は整備済みであるが、ほとんどが10アール前後の区画である。また、水利は山からの水に依存していることから用水路は長距離に及び、その保全管理にはかなりの労力を要する。加えて、近年のシカ、イノシシによる獣害の激化は地域農業を維持することのコストを激増させている。これらの営農条件により耕作放棄地の発生を防止することの負担は住民にとって甚だ重く、かつ増大しつつある。このように圃場区画が狭小であり急傾斜に位置するという条件の不利性がゆえに、作業や経営の共同化による規模の経済は得にくく、地域農業の組織化は限定されたものに留まらざるを得ない。したがって、生産効率の改善に向けての共同化の成果と農業者の負担との比較において、共同化の程度・内容が選択される。現状では、各農家がそれぞれの負担力に応じた営農を行うことが地域農業の維持に合理的な選択となっている。例えば、水稲作のみならずパイプハウスによる施設園芸や露地野菜の生産に取り組む農業者もいる。[12] なお、このような営農体系が選択される基礎的条件として、農地所有世帯は離農による土地持ち非農家化後においても実行組合である農家組合に加入し、実質的に集落全体で地域農業資源の保全作業に取り組む体制が構築されている。

2　走井集落が取り組む地域社会の維持活動と活動資金の調達

(1)　活動の実践

走井集落では過疎化を防止し地域社会の維持を図るため、集落自治会や農家組合、集落自治会傘下に組織された「明日の走井を考える会」(以下、「考える会」と略す)を主体として種々の活動を実践している。走井集落が活動を行う上で掲げる目標は次の5つである。[13]

①活気のある集落にしたい
②きれいな集落にしたい
③人が来てくれる集落にしたい
④人が住みやすい集落にしたい

⑤魅力ある集落にしたい

これらの目標遂行に向けて２０１２年に開始された都市農村交流イベント「ハーベスタイン走井」は集落にとって象徴的な活動である。イベント当日は地域の特産物の試食や販売、音楽演奏、野点《のだて》等といった催しが行われ、ブランド米の消費者を含めて集落内外から３００名超の参加者がある。イベントの立ち上げから最初の３年は地域活性化活動を事業とするＮＰＯ組織による支援の下で開催された。イベントの開催を検討するに先立って集落から行政に対して地域振興策の相談を行ったところ、当該ＮＰＯを紹介されたものである。イベントの企画から準備、実施に至るまで、ノウハウのなかった集落に対するＮＰＯによる支援は極めて重要な役割を担うものであった。3年の経験を経た後、4年目からは集落自治会内に実行委員会を立ち上げ、自立的に同イベントを開催することになった。２０１７年からはより柔軟な活動体制を確立するために組織された「考える会」が主催組織となっている。

このイベントと関連して、２０１４年からは「棚田ボランティア制度」を活用して地域農業資源の保全活動を行っている。棚田ボランティアは、集落住民だけでは地域農業資源の保全が困難となる中で、外部からの支援を取り入れるものである。すなわち、活動目標を遂行するために地域農業の維持が有効である一方で、地域住民に対して過

表 5-1 「ハーベスタイン走井」と「棚田ボランティア」年間の活動実績

4月8日	年間活動計画決定
4月23日	ボランティア受け入れ（環境整備）
6月25日	ボランティア受け入れ（河川整備）
7月8日	ハーベスタイン新会場整備
9月3日	ボランティア受け入れ（環境整備）
9月24日	ボランティア受け入れ（ハーベスタ新会場整備）
10月8日	ハーベスタイン前日準備
10月9日	ハーベスタイン走井開催（参加人員320名）
11月18日	ハーベスタイン反省会
12月3日	ボランティア受け入れ（河川整備及び住民の交流懇談会）

剰な負担にならないようにするための取り組みである。この棚田ボランティアの作業の一つとして「ハーベスタイン走井」の事前準備が組み入れられており、両活動を一体的に行うことは棚田ボランティアを募る上で大きな効果が得られるとのことである（表５―１）。その他にも「考える会」が中心となり集落の環境美化や蛍鑑賞会などの開催にも取り組んでおり、これら諸活動の相乗効果として走井集落の住民や来訪者にとっての地域社会の魅力の向上に努めている。

なお、既述のように走井集落からの転出者の多くが近隣市部へ転出するケースが多いことは、同集落の現在の生活の不便性を示す一方で、その改善において過疎化の防止や新規転入者を見込むことの可能性を意味する。例えば、居住区域の傾斜の緩和、基幹道路へのアクセスの改善等が挙げられ。しかし、このような対応策をとることは極めて難しいことも事実である。したがって、過疎化防止には、生活の不便性を上回るだけの同集落に居住することの魅力を創造することが必要であり、先に示した５つの活動目標が掲げられているのである。

⑵活動資金の調達

走井集落では地域社会の維持活動に必要となる資金を調達するために各種補助事業に取り組んできた。行政による各種補助事業を活用することは、条件不利地域にとって不可欠な資金調達方法といえる。とくに、国が行う補助事業は受領する額が大きいことから取り組みの効果は大きい。走井集落集においても地域農業資源の維持に関わる農地・水・環境保全向上対策（２００７年～２０１１年）および中山間地域等直接支払制度（２０１５年～）に取り組んできた（以下、表５―２）。

ただし、前者の補助事業については保全活動に加えて事業報告書の作成に関わる作業量が多く役員の負担が大きすぎたため、第１期の５ヵ年で終了している。後者については栗東市としての取り組み体制の整備との兼ね合いから２０１５年からの取り組みであるが、現在、集落にとっての2期目への取り組みついて検討が重ねられている。すなわち、事業の継続には耕作放棄地の防止が必要となるのであるが、そのための住民の負担は年々増大しており現状維持が困難となっている。たしかに、耕作放棄地の発生は住環境を悪化することからその防止は社会厚生の改善につながる。しかし、住民に過剰な負担を強いることは手段の目的化であり事業への取り組みは長続きしないであろうし、地域社会の維持に深刻な負の影響を与えることにつながる。このため、走井集落では事業期の変わり目における対象面積の縮減を念頭に置きつつ、住民が引き受け可能な負担の量に照らして適切な事業対象面積を検討しているところである。補助事業を地域社会の維持に向けていかに活用するかが模索されている。

なお、県や市が行う補助事業は、受領する額が小さいながらも地域の状況に応じた柔軟な活用が可能である。また、近年では民間企業が行う競争的資金事業も増えつつある。走井集落ではこれらの多種多様な補助金の獲得に向けて努力を続け、一定の成果を得ている。このことは、政策や制度、社会的な環境に対しての同集落の適応能力の高さを示している。

3　走井集落のジレンマと今後の課題

走井集落は条件不利地域に位置するが故に地域社会の維持に向けての活動を

表5-2　走井集落が活動に活用している補助金

（1）国庫補助金
2007～2011年度　農地・水・環境保全向上対策　約400千円
2015年度～　中山間地域等直接支払制度（交付金から100千円を充当）
（2）県・市補助金
2013年度　県費200千円、市費10千円（ふるさと農村支援事業）
2014年度　県費200千円、市費10千円（ふるさと農村支援事業）
2015年度　市費200千円（元気創造まちづくり補助金）
2016年度　市費200千円（元気創造まちづくり補助金）
2017年度　市費200千円（元気創造まちづくり補助金）
（3）民間企業競争的資金
2018年度　関西アーバン銀行　210千円

表 5-3　中山間地域等直接支払制度の協定終了後の行動について

○協定が終了した後でも同様に持続できるか （農地・畦畔の保全、水路、・作業道の点検共同作業（助け合い）) ○未来に向けて何が出来るのか ・次に続く人が出てくるのか ・その人が頑張れる為に何ができるか ・次世代に引き継ぐには ○協定に期待される事は、農業の維持に捉われず ・集落の存続に関わる部分が大きい ・大部分の住人が農業に関わる中、役割は大きい

永続的に続けていく必要がある。活動を止めれば地域社会の衰退傾向は強まることは明らかである。しかも、厳しさを増す一方の集落の内部・外部の環境変化に対して適応を図り続ける必要がある。この点に走井集落のジレンマがある。すなわち、個々の住民および地域社会に過大な負担を強いることのない活動に、その目的に即した効果を持続的に得ることができるのか、というジレンマである。繰り返しになるが、手段の目的化は過大な負担を強いることから避けねばならない。しかし、活動の効果を高める必要性に対してどのような対応が可能であろうか。このような集落のジレンマは、直接的には活動の持続性への不安となり活動のあり方を左右することが懸念されている。表5－3は「考える会」がまとめた中山間地域等直接支払制度への取り組みを中止した場合の影響とその後の取り組みについての課題である。補助事業への取り組みの目的化を避けつつ、一方でそれを中止した場合に集落での活動が低調になることが懸念されている。同時に、公的な支援制度である補助事業への取り組みは、地域社会の維持活動に関わるガイドラインを集落内に示し、住民間に共通認識を醸成する機能を有することも指摘できる。すなわち、地域社会に関する将来の不安を一定程度緩和することを意味する。したがって、補助事業への取り組みの程度やあり方を検討し選択する上で、その機能に関する理解を深め有効に活用することが、上記の不安への対応策となる。

なお、走井集落の取り組みにおいて、今後の課題となっているのは、集落内の農業労働力の減少への対応策である。具体的には、共同機械利用組合である営農組合の稼働率を上げながら、同問題への組織的な対応を図ることが期待されている。このことは社会サービスの自助的供給に他ならない。急傾斜地に位置する小区画圃場であるが故に、市場財として農作業受託サービスを外部から調達することのコストが大きすぎることから、集落内の農業者が役割分担等の一定のコストを負担しながらの対応である。当然ながら事業運営の基本姿勢は利用量の最大化で有り、そのことによる集落に居住することの厚生の改善が目的となる。

第4節　新自由主義政策下での地域社会の維持の論理
――新たな集落営農の展望として――

本章の最後に、事例とした走井集落における取り組みの特徴を整理し、新自由主義政策下において条件不利地域に位置する集落が取り組む地域社会の維持活動の論理を考察し、今後の集落営農の展望としたい。

特徴の第1は、「地域社会の維持」が目的であり地域農業の維持はその手段であることの目的・手段関係が明確化されていることである。すなわち、地域農業の維持が地域社会の維持に与えるメリットだけでなく、維持に関わる負担が及ぼす影響の両方が考慮され、諸活動が計画・実践されている。したがって、地域農業の維持活動の実施に関わる負担が大きく、地域社会の存続に負の影響を与える場合にはこれを避けることが選択される。例えば、地域農業の共同化に関して、効率化至上主義の立場ではなく農業者にとっての営農維持の意欲や負担を鑑みての選択がなされている。また、活動資金を得るための補助事業は、住民の負担を考慮して取り組みの可否が判断される。耕作放棄地の発生に関しても、その弊害を認識しつつ過剰な負担とならない範囲で防止に取り組まれる。ただし、地域農業を維持することのメリットは高く評価されている。都市・農村交流イベントへの来訪者にとって当該地域の魅力の一つは地域農業であり、生産物だけでなく整備された圃場は貴重な観光資源たり得るのである。また、地域農業が維持されていることは、集落からの転出者にとって出自集落との関係を保つ要因の一つになっていることは事実である。

第2は、集落は「自主・自立・自律」を基本として活動を実践する一方で、同時に外部からの支援を積極的に取り入れることにより、住民の負担軽減を図りつつ地域農業資源の維持に取り組んでいることである。既述のように補助金を受給することは活動の実践に重要であり、走井集落では公的部門のみならず私的部門が行う競争的資金についてもそれらの獲得に取り組んでいる。また、イベントの立ち上げ・運営について、それまで未経験であり必要な知識が蓄積されていないことからNPO等の専門組織の支援を仰いでいる。とくに、新たな活動の開始期にはブースターとなる種々の資源が必要であり、外部からの支援を活用することは不可欠である。同じく、棚田ボランティア制度の活用は、まさに住民への過剰な負担を回避しつつ地域農業の維持によるメリットを享受する取り組みに他ならない。走井集落では、地域社会の維持活動に必要となる資金、知識・情報、人的資源という諸資源が、不足する場合や集落内に蓄積されてこなかった場合には外部からの支援を積極的に活用することにより調達している。このことは、地域の条件不利性を補うためには、種々の制度に目配せを行い不足する資源を外部から導入し、自己の活動に活用する能力が求められることを意味する。条件不利地域にある主体が自己の存続を主張するためには、自らが競争のルールを公平なものに近づける努力を求められるのが新自由主義政策下の社会である。

第3は、地域社会の維持に必要であり、かつ、市場をとおしての調達が困難な社会サービスについては、関係する住民や農業者が一定の負担を引き受けることによる自助的な供給を目指していることである。集落全体で取り組む地域農業資源の保全活動や今後の取り組みが検討されている農作業受託事業は、住民や農業者が自ら参加し負担を引き受けることにより、集落および個人の厚生の持続的な改善を図るシステムといえる。今後、同様の取り組みが必要となるサービス事業が増えることが予想され、集落のサービス供給機能の強化が課題といえる。

以上、走井集落における取り組みの特徴を大きく三つに整理した。誤解を恐れずに、これらの特徴から同集落における取り組みの根底には新自由主義政策への抵抗と適応に方向づけられた創意工夫に富んだアントレプレナーシップが行動原理としてあることを指摘したい。ただし、そのアントレプレナーシップは新自由主義政策が企業や社会一般に求めるものとは方向性が異なる。効率性と資本蓄積量を経済と社会の評価基準とする新自由主義政策に対して、それとは別の論理に基づく活動を併せ行うことにより地域社会の存在と維持を主張する抵抗そのものであり、同時に、外部環境としての新自由主義政策に適応するアントレプレナーシップである。長期的なスパンでの社会厚生の視点から諸活動を評価することにより、地域社会に人的資源の蓄積を図るべく新たな活動を創造し運営する創意工夫の能力である。このような新自由主義政策への抵抗と適応を本質とする地域社会の維持のためのアントレプレナーシップは、条件不利地域における集落営農にとって今後の展開についての指針の一つになると考える。走井集落は、現在の「集落営農」の定義からは優良事例に当てはまらないであろう。しかし、集落営農の概念を拡大することにより、今後の集落営農の展望の一つを指し示す先進的優良事例の一つとして位置づけることができるのである。

注

（1）詳しくは小林（２０１１）を参照されたい。

（2）本節は伊庭（２０１４）、伊庭・坂本（２０１４）をベースに加筆したものである。

（3）David Harvey（2007：p.1）では、「ネオリベラリズムとは、人間の厚生は私的所有権、個人の自由、規制のない市場、自由貿易に特徴づけられた制度的枠組みにおいて起業家精神に富む自由が最大化されることにより最も促進される、と主張する政治経済の実践の理論である。国の役割は、そのような経済が実行されるために適切な制度的枠組みを構築し維持することである。」と定義する。

（4）M&Rフリードマン（2012：p.237）。

（5）デヴィッド・ハーヴェイ（2007：p.124）。

（6）スティグリッツ（2012）を参照されたい。

（7）M&Rフリードマン（2012：pp.237）。

（8）デビッド・ハーベイ（2007：p.92）による地理的不均衡発展に関する理論構築のための四つの条件のうちの一つである

（9）伊庭・高橋・片岡（２０１６）を参照されたい。

（10）なお、走井集落内にある11・1ヘクタルのうち、1・0ヘクタルは他集落の農家が所有している。また、走井集落の農家も他集落に圃場を所有している。

（11）２０１８年1月現在。

（12）走井集落の農家が耕作するのは、水稲作付面積6・1ヘクタル、パイプイハウスによる園芸作80アール、露地園芸90アール、および保全管理2・3ヘクタルである。

（13）走井中山間地支援集落協定（２０１７）からの抜粋。

引用・参考文献

伊庭治彦（２０１４）「中国地方条件不利地域における集落営農の問題と展望――新自由主義政策下における生活本位の事業展開――」『農業問題研究』第45巻第2号、4～12頁。

伊庭治彦・坂本清彦（２０１４）「地域農業組織による社会貢献型事業への取り組みの背景と今後の展望」谷口憲治編著『地域資源活用による農村振興――条件不利地域を中心に』農林統計出版。

伊庭治彦・高橋明広・片岡美喜（２０１６）『農業・農村における社会貢献型事業論』農林統計出版。

後房雄（２００９）「福祉国家の再編成と新自由主義――ワークフェアと準市場――」『年報行政研究』２００９巻44号、63～86頁。

小林元（２０１１）「データから見る集落営農」『ＪＣ 総研レポート』第19号、38～45頁。

ジョセフ・E・スティグリッツ『世界の99%を貧困にする経済』（楡井浩一、峯村利哉訳）徳間書店。

デヴィッド・ハーヴェイ（２００７）『ネオリベラリズムとは何か』（本橋哲也訳）青土社。

David Harvey（2007）, "Neoliberalism as Creative Destruction", The Annals of the American Academy of Political and Social Science, Vol. 610, NAFTA and Beyond: Alternative Perspectives in the Study of Global Trade and Development, pp.22-44. http://www.jstor.org/stable/25097888 ：2018.5.31 確認
走井中山間地支援集落協定（２０１７）「走井集落中山間地支援 集落協定の取組状況について」平成29年度第１回滋賀県農村振興交付金制度審議会。

M＆Rフリードマン（２０１２）『選択の自由（新装版）――自立社会への挑戦』（西山千晶訳）日本経済新聞出版社。

第6章

農業労働力問題をどう解決するか

小田滋晃・横田茂永・川崎訓昭

第1節　多様化する現代の農業労働力

1　はじめに

本章「農業労働力問題をどう解決するか」というテーマ設定の背景には、農業労働力の多様化への認識がある。農業の労働力不足が深刻化するなか、国や地方自治体、農協等の関係機関が農業における働き手を確保するため、青年就農給付金〔2017（平成29）年度より農業次世代人材投資資金〕に代表されるさまざまな取り組みを展開してきたことにより農業に参入する人材が多様化してきている。農家出身者による就農（新規自営農業就農者）が約4万人、新規就農者総数に占める割合で75％（2017年）と多数派である。一方、非農家出身者を中心とする新規参入や雇用就農が増加してきている〔合わせると新規就農者総数に占める割合で11％（2016年）→25％（2017年）〕。さらに、外国人技能実習生の存在が事実上農業に不可欠となったことや、国家戦略特別区域内において、関係自治体や国の機関が参画する適正な管理体制の下で、特定機関（受入企業）による外国人農業労働者の受け入れが可能になったことも、農業労働力の多様化を象徴的に示している。すなわち、農業が農村・農家出身の比較的均質な人材ではなく、出自や農業で働く動機も異にする多様な人材に担われるようになってきたのである。

こうした情勢をふまえ、本章では「編集のねらい」を真摯に受け止めつつ、農業における多様な担い手や関係諸主体の重層的な関係を具体的に示しながら、変化の著しい農業労働力の現状と、労働力確保支援施策のあり方について整理する。確かに、上記の新たな農業の働き手の出現は農業労働力問題の解決への光明となろう。他方、本書が照準とするグローバル資本主義下にあって「ダイナミックな輸出促進と、サービス業や農業の非効率を結合するという、資本主義の独自かつ独特なブランド」[1]を築く一方で、グローバル資本主義を生き残りうる「強い農業」づくりにも農政が力を注いできた結果として、次世代の農業を担いうる先進的な農業法人が各地で増加し、地域農業・社会に好影響を与えつつある。雇用就農や外国人実習生の増加という農業労働力の変化は、ある意味でこうした日本農業のグローバル資本主義への適応の帰結としても理解できるのである。また、資本主義化の流れは「青年就農給付金」が「農業次世代人材投資資金」と名称を変更し、「投資」という「資本の論理」を明瞭に反映する語を用いるようになったことなど、言説のレベルでもさりげなく一般化しつつあることも見逃せない。

だとすれば、多様化する農業労働力の実態や制度を表面的に描いて農業の一大問題への処方箋として提示するのではなく、雇用農業労働者や外国人労働者の労務管理、農業次世代人材投資資金の会計処理等、多様化の背後にあるさまざまな課題を念頭に置きながら、「農業労働力問題をどう解決するか」というテーマに取り組むべきだというのが、「編集のねらい」を真摯に受け止める、の意味である。

2　農業労働力の構造変化――経営体の組織化・法人化と雇用労働力への依存――

２００５年から新たに取り入れられた農業経営体の概念は、従来の家族経営体だけでなく、組織経営体も取り入れたものである。農業経営体数自体は減少傾向にあるが、これは数的に多くを占める家族経営体の減少を反映したものであり、組織経営体は増加傾向にある（図６―１）。農業経営体のうち法人経営体（家族経営体の１戸１法人も含む）についても増加傾向にあり、とくに組織経営体のうち株式会社等の数は２００５年から２０１５年の間に２倍近くになっている（図６―２）。

従来の農業者による法人化、組織化という状況に加えて、一般企業による農業参入の増加も近年の特徴である。

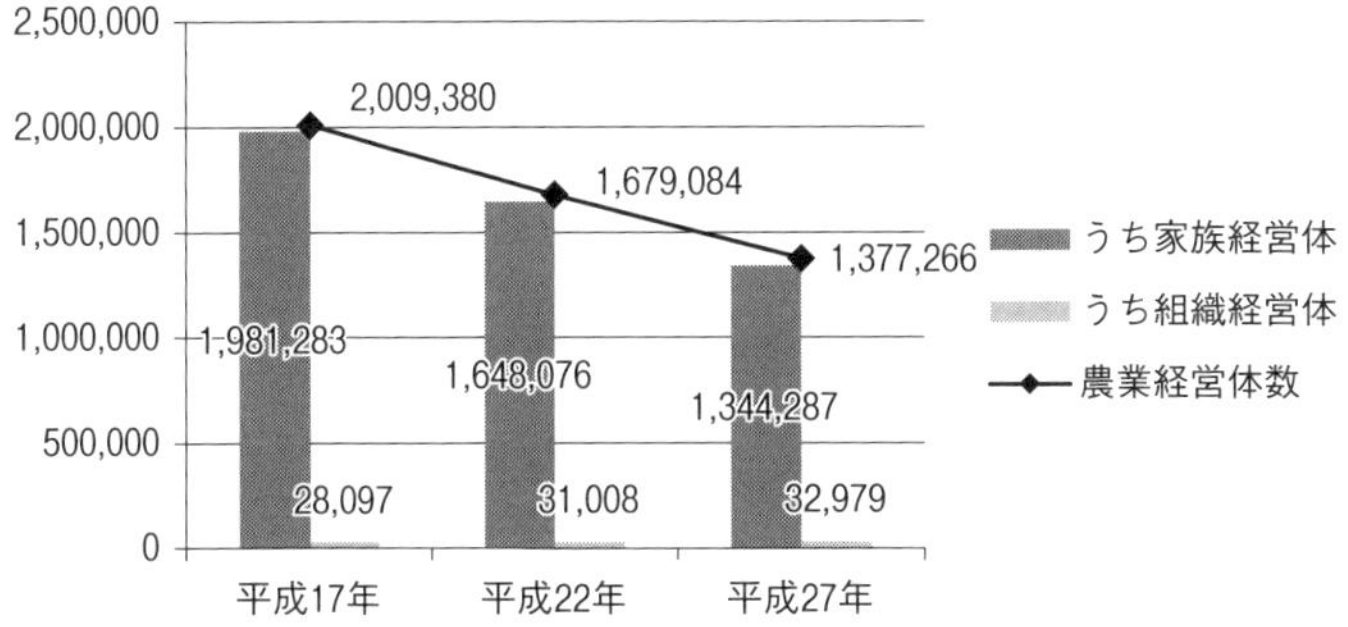

図６-１　農業経営体数の推移

出典：農林水産省『農林水産省『農林業センサス』』

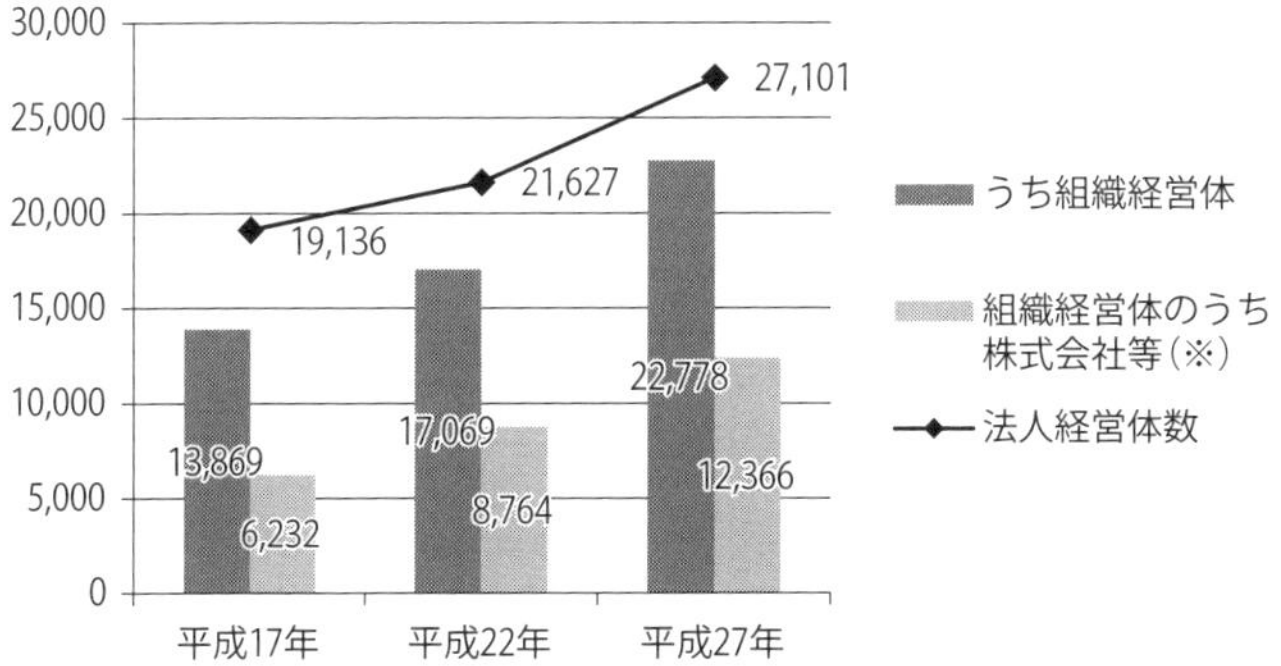

図６-２　法人経営体数の推移

出典：農林水産省『農林水産省『農林業センサス』』
※株式会社等とは、平成 17 年は株式会社と有限会社、平成 22 年・平成 27 年は株式会社と特例有限会社の合計

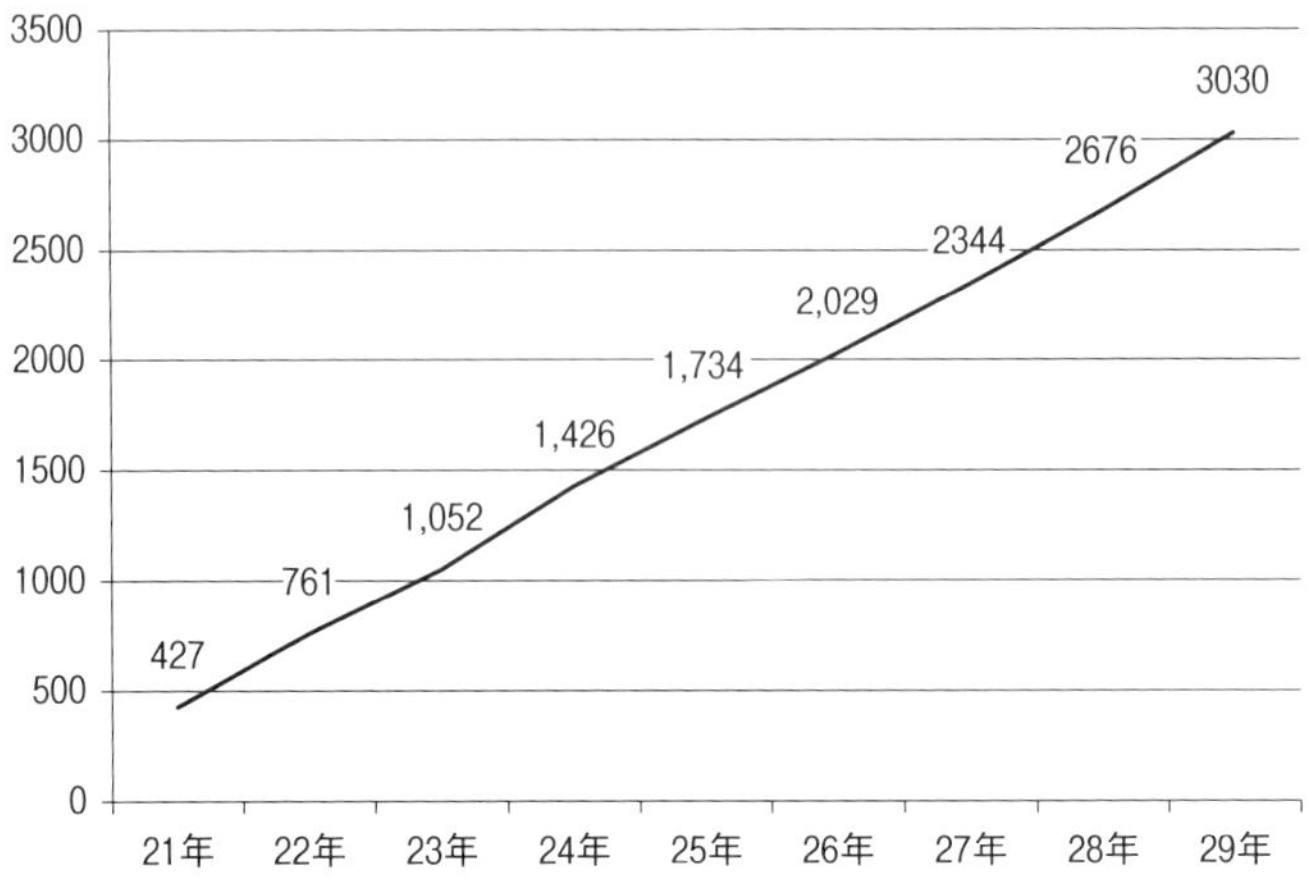

図 6-3　解除条件付貸借で参入した法人数の推移

出典：農林水産省経営局調べ
注：各年とも 12 月末現在の数値である。

２００２年12月18日に制定された構造改革特別区域法（特区）、２００５年９月１日農業経営基盤強化促進法の改正施行による特定法人貸付事業を経て、２００９年の農地法等の改正により一般企業が農地を賃借することが、市町村等との協定の締結なしにどこの地域でも行えることになった（以下、農地法３条２項に基づくこの方式を「解除条件付貸借」という）。解除条件付貸借で農業参入した法人は、その後急速にその数を増やしている（図６－３）。

一方で、１９６２年の農地法改正によって創設された農業生産法人は、２０１５年の農地法改正（２０１６年４月から施行）で、「農地所有適格法人」とその名称が変更された。その理由は、貸借であれば、必ずしもこの法人の資格を取得する必要がないことを明確にするためであった。要件についても一般法人からの出資が条件なく２分の１未満まで認められ、農作業に従事しなければならない役員の人数が１人以上いればよいことに引き下げられている。行政も一般企業による出資および子会社としての農業参入を促進する方向にあり、その数もまた順調に増加している（図６－４）。

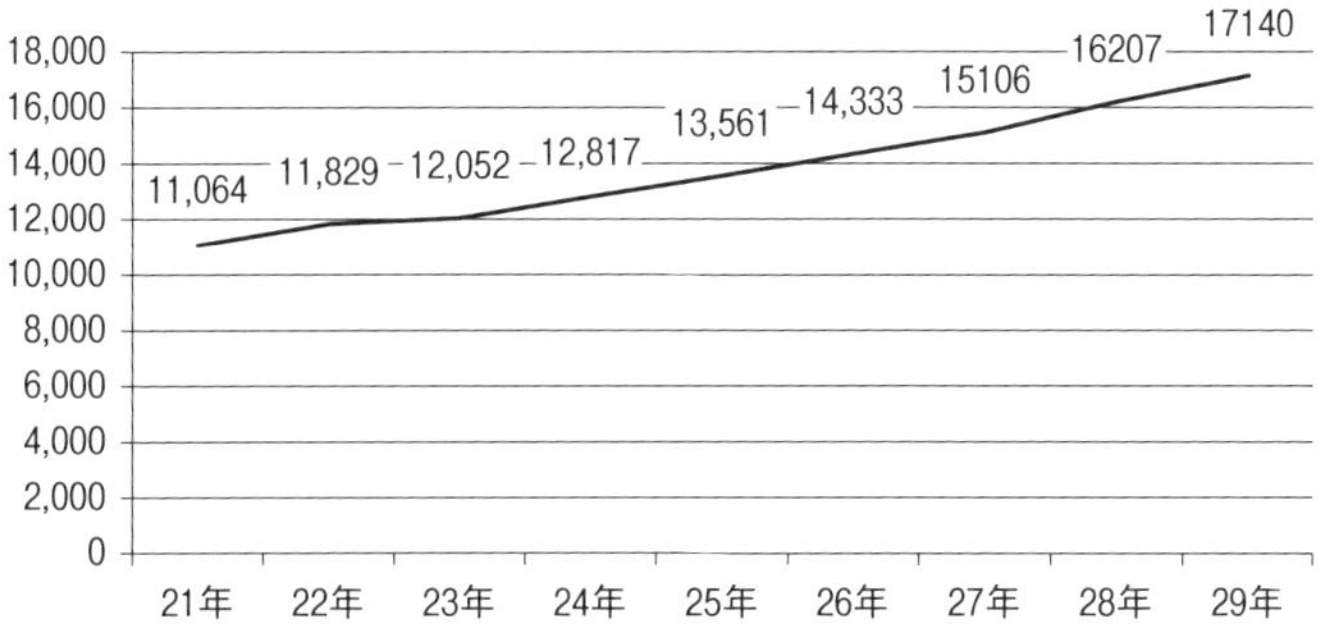

図 6-4　農地所有適格法人（旧農業生産法人）数の推移

出典：農林水産省経営局調べ
注：各年とも１月１日現在の数値である。

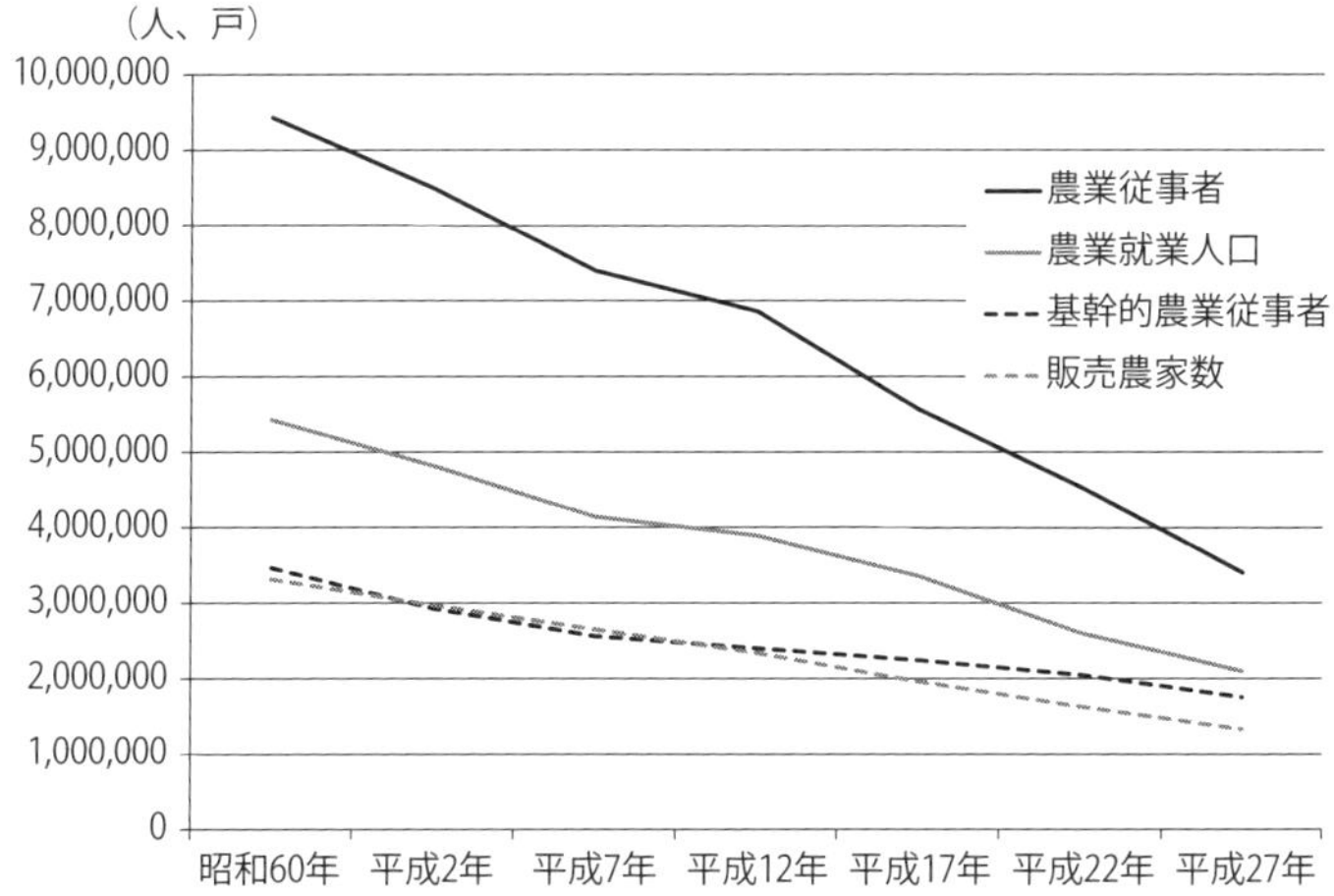

図 6-5　農業従事者等の推移

出典：農林水産省『農林業センサス』

一方で多数を占める家族経営体の減少も規模拡大との関係があるので、一概に衰退しているとばかりはいえない。日本に限らないことであるが、農業経営の多くは家族経営によって支えられてきた。農地は親族内で相続され、農業労働力は家族内で賄われてきたのである。その結果、自営農業の中には若齢者層から高齢者層までの複数の世代にまたがる農業従事者が存在していた

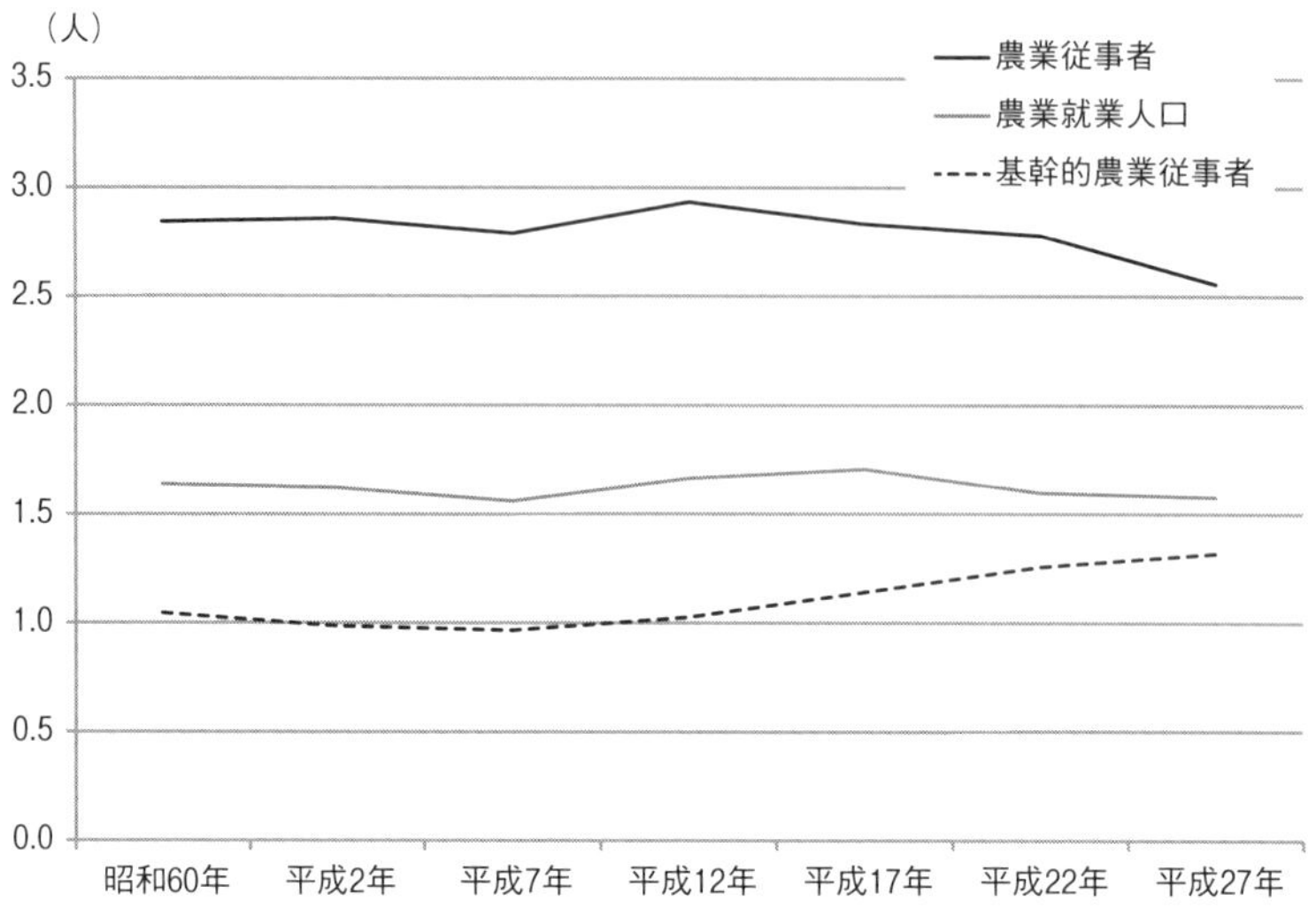

図 6-6　販売農家１戸当たりの農業従事者等の推移
出典：農林水産省『農林業センサス』

のである。

しかしながら、家族経営体の労働力は減少してきている。農業センサスのデータでみると、販売農家の農業従事者[2]、農業就業人口[3]、基幹的農業従事者[4]のそれぞれが減少してきていることがわかる。個別にみると基幹的農業従事者や農業就業人口が近年緩やかになってきているのに対して、農業従事者の減少度合いが大きい（図6－5）。これは、日頃農業に従事していなくても農繁期には農業を手伝っていた家族労働力の減少を意味しており、実際に販売農家1戸当たりの農業従事者の減少がみられる（図6－6）。

年齢別にみるとおのおの状況が異なることがわかる。基幹的農業従事者、農業就業人口は2005年から75歳以上の割合がもっとも多くなっているのに対して（図6－7、図6－8）、農業従事者では2015年にもっとも多くなっている（図6－9）。農業従事者の中でもとくに農業に中心的に従事している人ほど高齢化が早くから進行したことと、近年では相対的に若い年齢層が農業の手伝いからも離れてきていることが伺える。

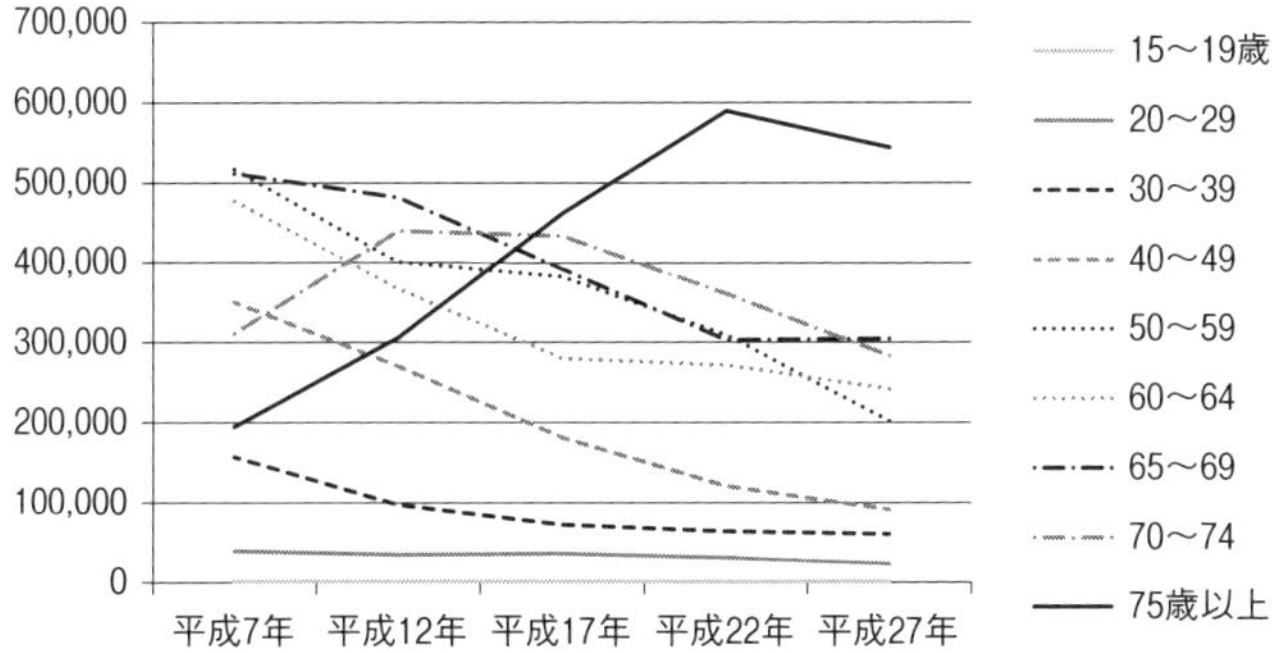

図6-7　年齢別基幹的農業従事者数の推移

出典：農林水産省『農林業センサス』

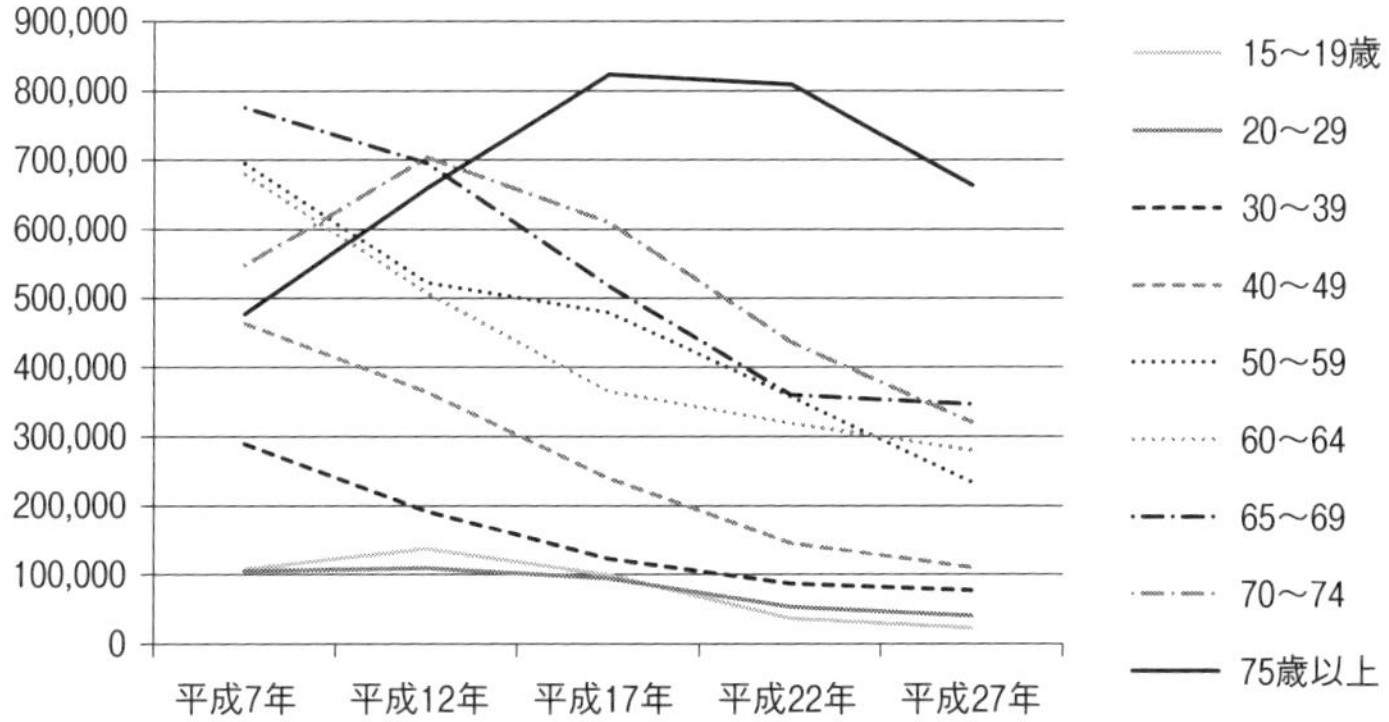

図6-8　年齢別農業就業人口の推移

出典：農林水産省『農林業センサス』

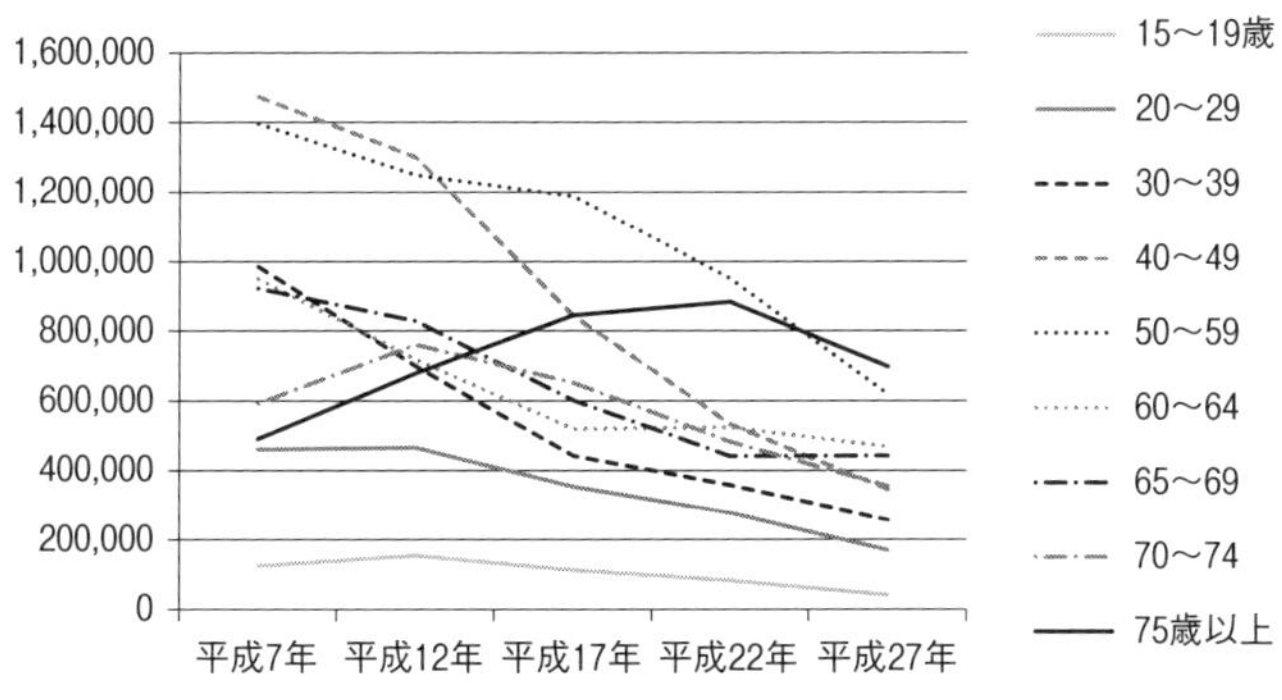

図6-9　年齢別農業従事者数の推移

出典：農林水産省『農林業センサス』

次に農業経営体の労働力保有状況を見ると、臨時雇いの実人数では家族経営体が組織経営体を大きく上回っているが、ここ10年間は減少傾向にある（図6－10）。これに対して、常雇いはどちらも上昇傾向を示していることがわかる（図6－11）。組織経営体のみならず、家族経営体でも家族の手伝いから恒常的な雇用へと状態の変

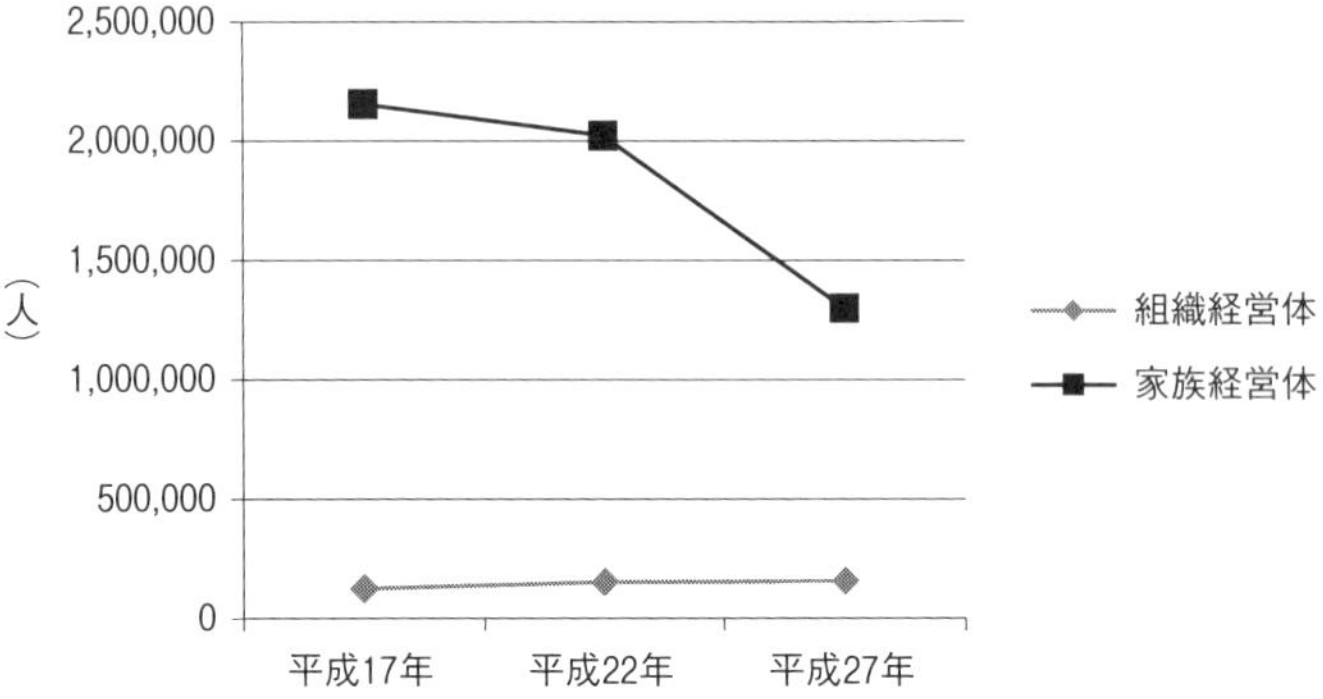

図6-10　臨時雇い実人数の推移

出典：農林水産省『農林業センサス』

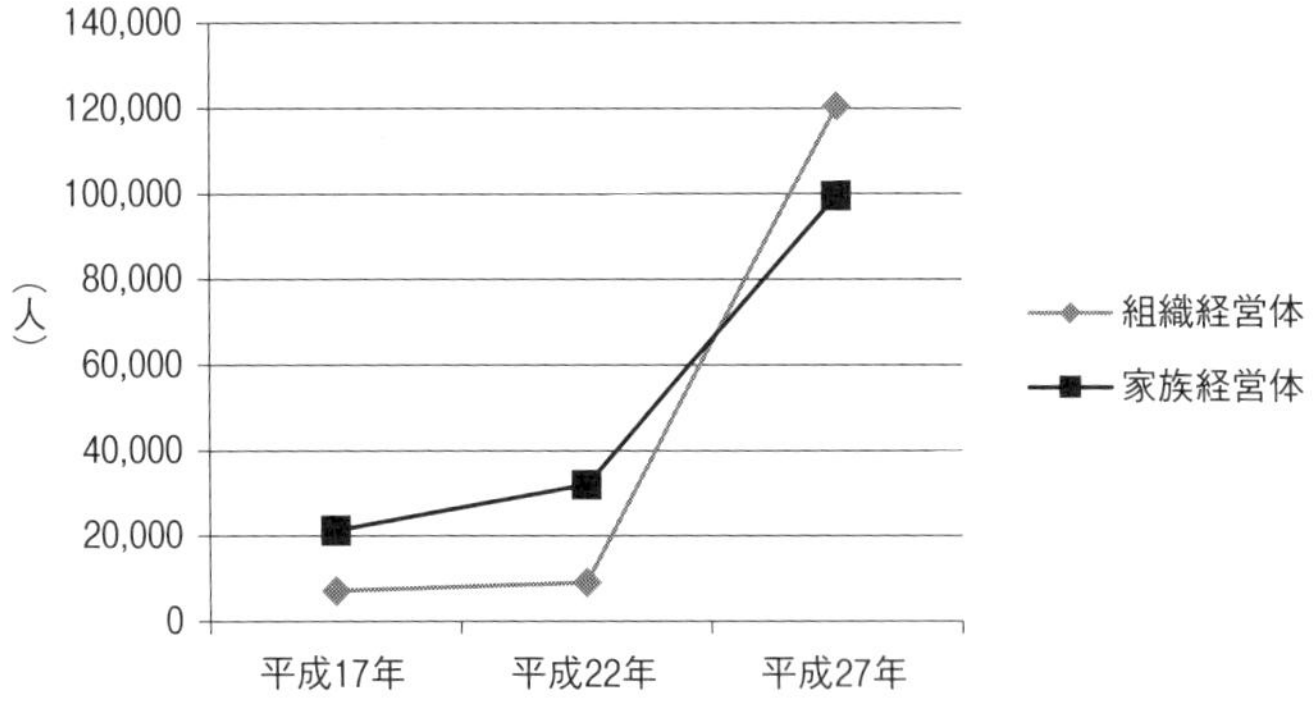

図6-11　常雇い実人数の推移

出典：農林水産省『農林業センサス』

化がみられる。ただし、これによって農業における雇用経営の展開が進んだと簡単にはいえない。雇用経営は従来の経営とは異なるスキルを必要としており、(5) 急激な雇用の増加のなかでそのようなスキルアップを伴っていない経営が存在する可能性が疑われるからである。

3 新規就農の推移

新規就農者数は、２００６年以降５万人から７万人の間で増減しながら推移しており（図６―12）、２０１７年は５万５６７０人となっている。新規就農者とは、新規自営農業就農者、新規雇用就農者、新規参入者の３者であり、このうち新規自営農業就農者は、農家世帯員で、調査期日前１年間の生活の主な状態が、「学生」から「自営農業への従事が主」になった者及び「他に雇われて勤務が主」から「自営農業への従事が主」になった者をいう。いわゆる農家出身者であるが、新規就農者の大半を占めており、全体の動向はこの推移に大きく左右される。

新規参入者は、調査期日前１年間に土地や資金を独自に調達（相続・贈与等により親の農地を譲り受けた場合を除く）し、新たに農業経営を開始した経営の責任者および共同経営者をいう。なお、

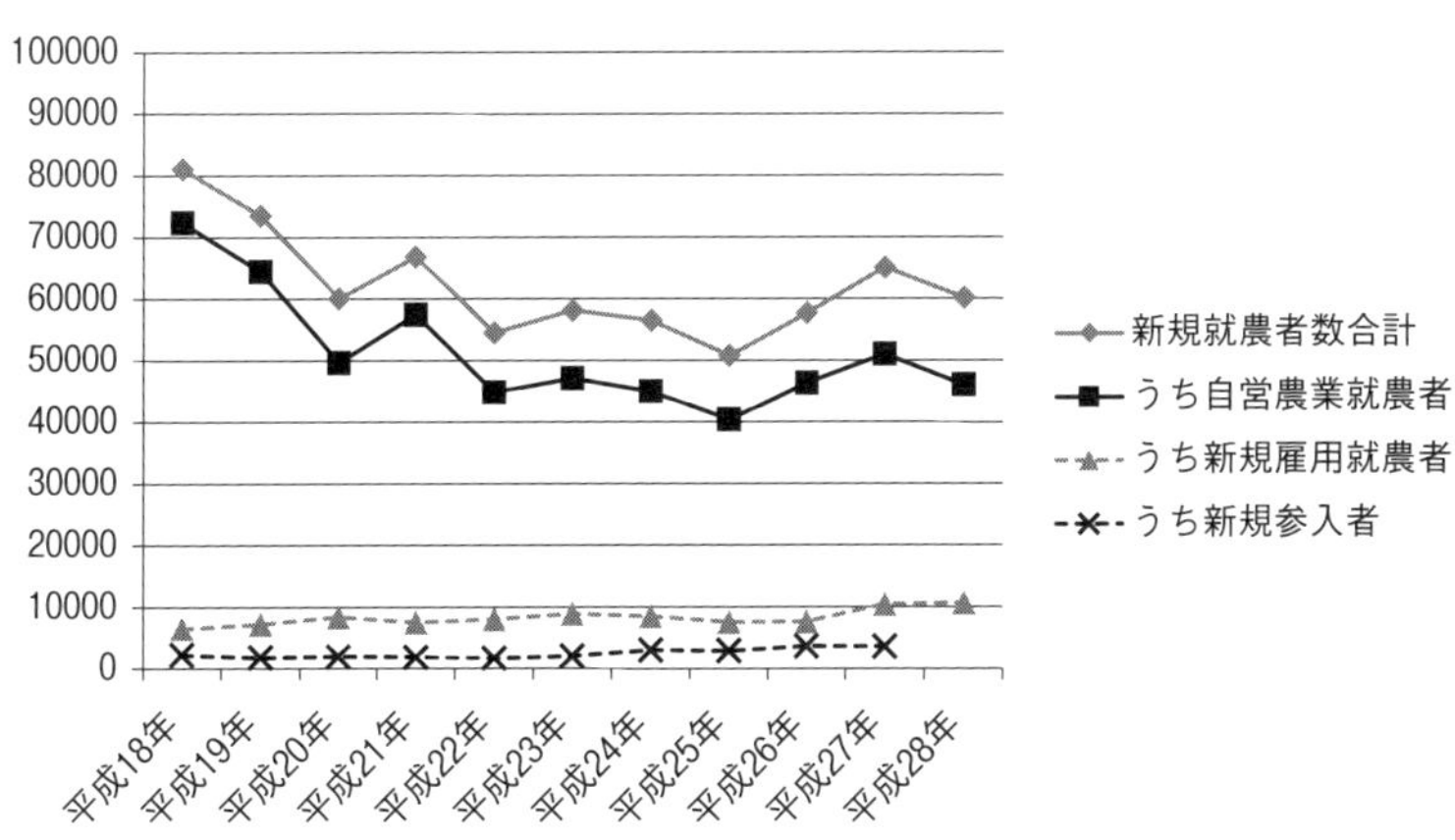

図6-12　新規就農者数の推移

出典：農林水産省『新規就農者調査』

共同経営者とは、夫婦が揃って就農、あるいは複数の新規就農者が法人を新設して共同経営を行っている場合における、経営の責任者の配偶者またはその他の共同経営者をいう。新規参入者に共同経営者を入れるようになったのは、平成26（２０１４）年調査からであり、これによって女性の新規参入者数および新規参入者数合計が増加したと考えられる。

また、農家出身者であっても、実家の経営資源を活用しないで就農するとここに含まれることになる。新規就農者に占める新規参入者の割合は小さいが、マスコミ等での注目度は高く、一般的な新規就農のイメージがここにある。

かつては、ほぼ新規就農者イコール新規自営農業就農者であったが、農産物価格の低迷など農業環境の悪化によって、農地の耕作者が減少したことが新規参入者、その後の雇用就農者の増加に影響を与えたといえる。農家出身者も学卒と同時に農業に就業することが少なくなり、後継者の就農時期も高齢化し、結果的に就農しないで離農につながるケースも出てきている。耕作者のいなくなった農地の権利を取得して、非農家が農業を始めることが可能になったのである。

近年の非農家出身者の就農が増加する中で、急激に人数を増やしてきているのが、新規雇用就業者である。新規雇用就農者は、調査期日前1年間に新たに法人等に常雇い（年間7か月以上）として雇用されることにより、農業に従事することとなった者（外国人研修生及び外国人技能実習生並びに雇用される直前の就業状態が農業従事者であった場合を除く）をいう。

農業経営体の大規模化や法人化が進み、農業経営体全般での常雇いも増加傾向にあることから、雇用就農の受け皿も広がっているといえる。

4　外国人雇用労働力等の推移

農業経営体の雇用労働力の需要がすべて国内の労働力で賄われているわけではない。最近ではマスコミなどで農業に対するイメージ改善も行われているが、3Kや低賃金労働のイメージも強く、とくに単純労働力については国内での確保が難しい状況にあり、低賃金の雇用を受け入れてくれる外国人労働力が年々増加しているのが現状である（図6―13）。ただし、全産業で外国人労働者が増加していることから全産業に占める割合は4～5％の間で推移している。

この数値は届出があったものにおける集計なので、不法就労の実態があるとしたならばより多くの外国人が国内農業に従事している可能性がある。その一方で、雇用とは異なるが、農業でも外国人技能実習生（旧外国人研修生）の受入が行われている。

あくまで研修ではあるもののオン・ザ・ジョブトレーニングの中で労働力としての一側面があるのも事実であり、その数の増加は外国人労働者同様に重要視されている。2016年度の外国人技能実習制度を利用した農業作業者数は5353人、産業全体の11％（図6―14）、その半面で、実態として低賃金労働を外国人に強いているという厳しい指摘もあり、近年はそのような側面の是正が求められている。

すでに外国人労働力は、国内農業にとっても欠かせないものとなってきており、農業従事者等の減少をふまえて、その確保が課題の一つとなってきている。また、外国人技能実習制度に対する改善は、従来の単純労働力の確保という考え方から、国内外の壁を越えた次世代の農業経営の担い手の排出という新たな役割への変化を促しているといえる。

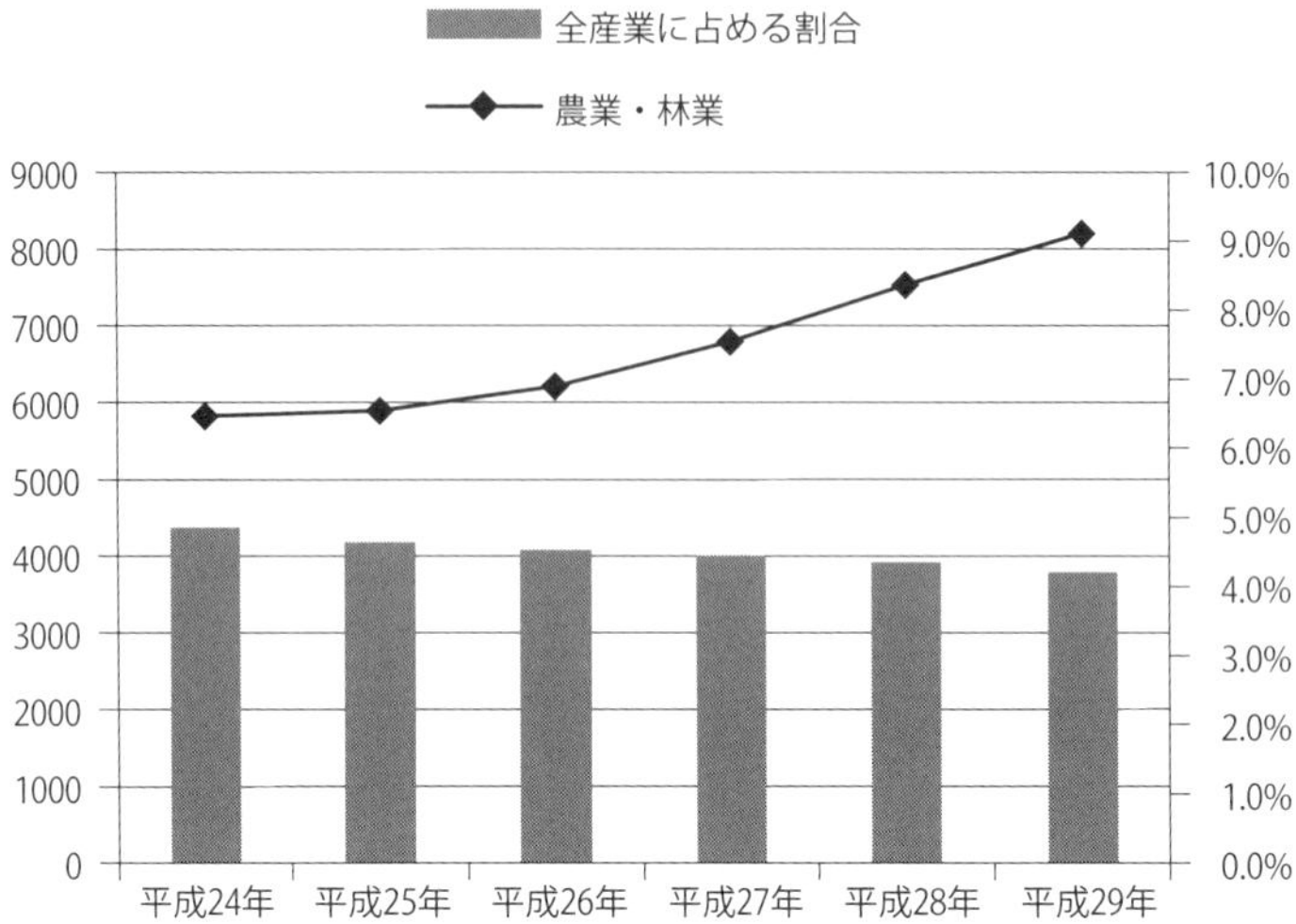

図6-13　農林業における外国人労働者数の推移

出典：厚生労働省『外国人雇用状況の届出状況』
注）各年10月末現在

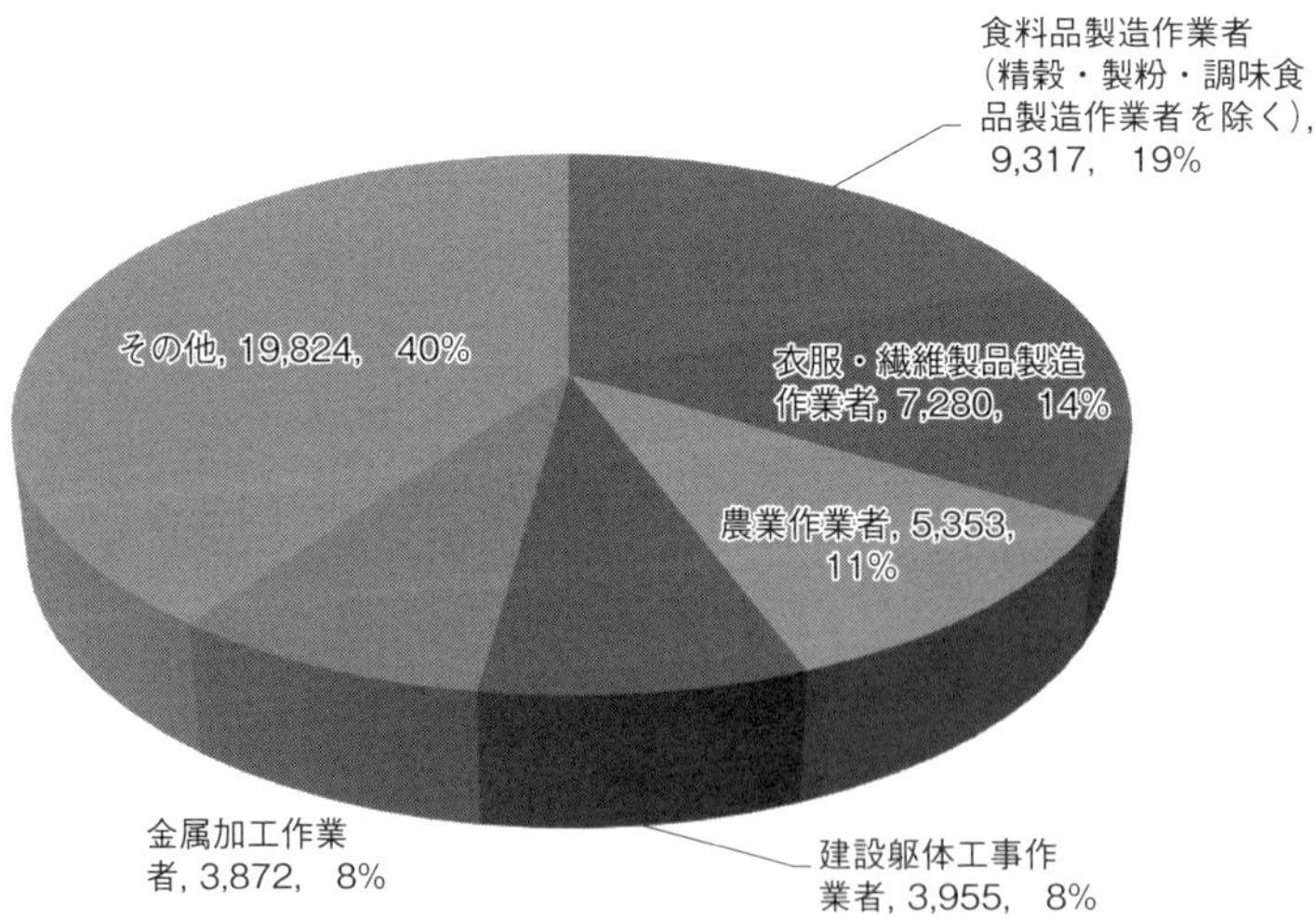

図6-14　外国人技能実習生数

出典：国際研修協力機構『JITCO業務統計』
注）在留資格「技能実習1号イ」、「技能実習1号ロ」、「研修」の合計

第2節　次世代の農業経営を誰が担うのか

1　既存農家

新規就農者の大半を占める新規自営農業就農者の年齢別構成を見ると、年々高齢化が進んでいることがわかる（図6－15）。新規就農者全体、ひいては農業従事者全体の高齢化が進んでいる要因もここに大きな理由があることがわかる。なおかつこの就農時期の高齢化と1農家当たりの基幹的農業従事者数の減少を合わせると、親子でそろって農業をすることで農業経営のノウハウを引き継ぐという伝統的な家族経営のイメージが変わってきていることもわかる。

また、現代のめまぐるしい農業環境の変化を考えると、親の経営をそのまま引き継ぐこと自体も妥当とはいえない。高齢になってから就農し、独自に考えて営農しなければならない状況が新規自営農業就農者の実情である。逆に高齢でも続けていけるのが農業でもある。経営規模はともかくとして、そのような高齢農業者が日本農業の支えとなっているのも、また事実なのである。

もちろんすべての既存の農業経営体がそうなっているわけでは

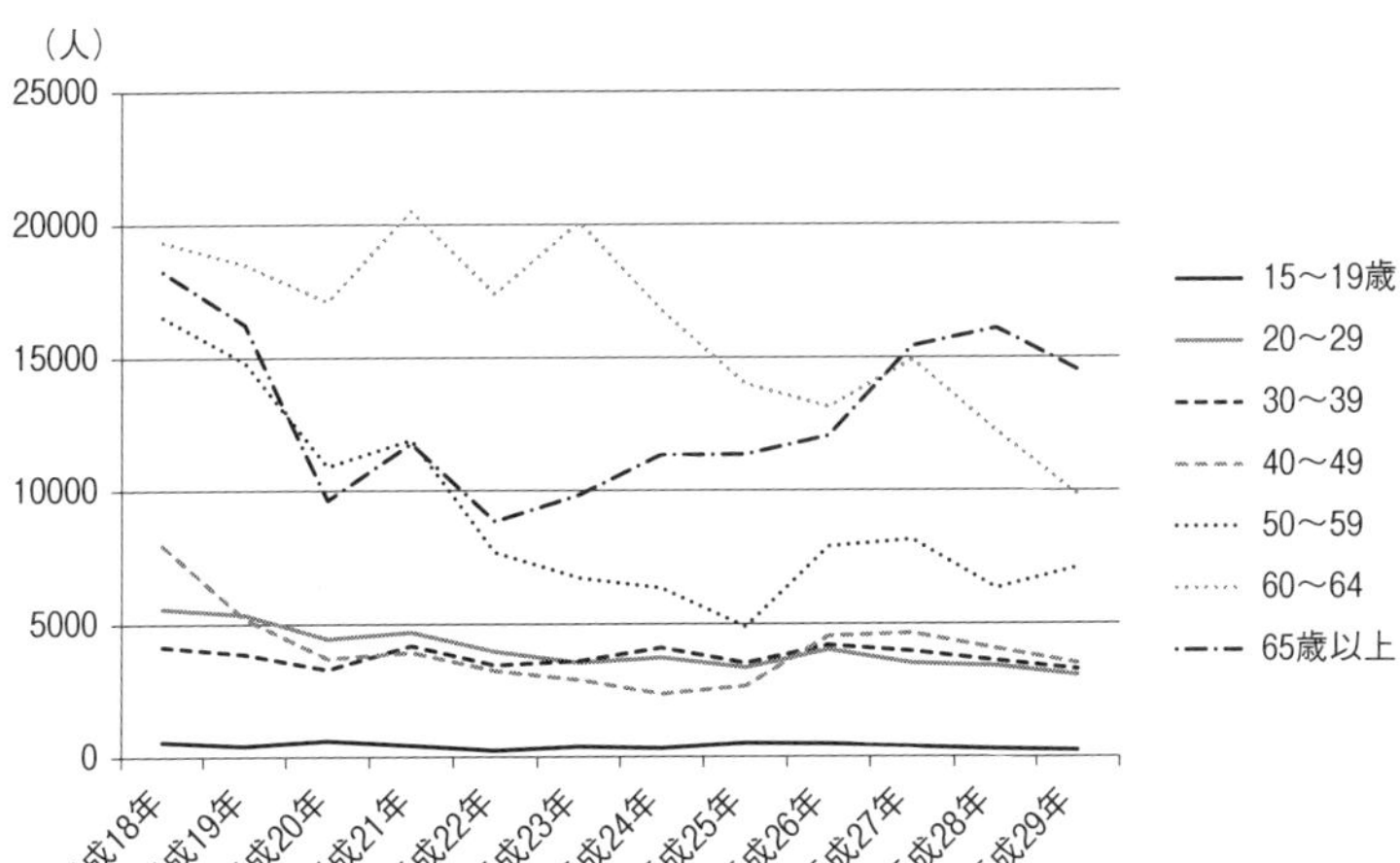

図6-15　年齢別自営農業就農者数の推移

出典：農林水産省『新規就農者調査』

ないので、若い後継者が入り、親世代の経営ノウハウを引き継ぎながら、農業環境の変化にも柔軟に対応していければ、また祖父母世代まで含めた熟練労働力もそこに確保されているとするならば、これまでどおり強固な家族経営体として主要な担い手になることができるだろう。

2　新規参入者

新規参入者を年齢別でみると、新規自営農業就農者に比べると若いが、雇用就農者に比べるとやや年代が高い30~50代の層が多いのが特徴である（図6－16）。これには国の支援体制も影響していることが考えられるが、非農家出身者が多く、就農するために必須となる農地、資金、技術などの経営資源を確保する必要があることが関係している。その上で、自身が経営者として采配を振るっていくわけなので、あまり若すぎても難しい。なおかつ体力的に営農を続けていくためには、あまり年齢が高くなっても難しい。そのため、中間の世代が多くなると考えられる。

ただし、この数字は継続性を示すものではなく、その後離農や雇用就農に切り替わっているケースもあり得る。単純にこの数字の増加だけをみて、その後の農業者数の増加につながっていると

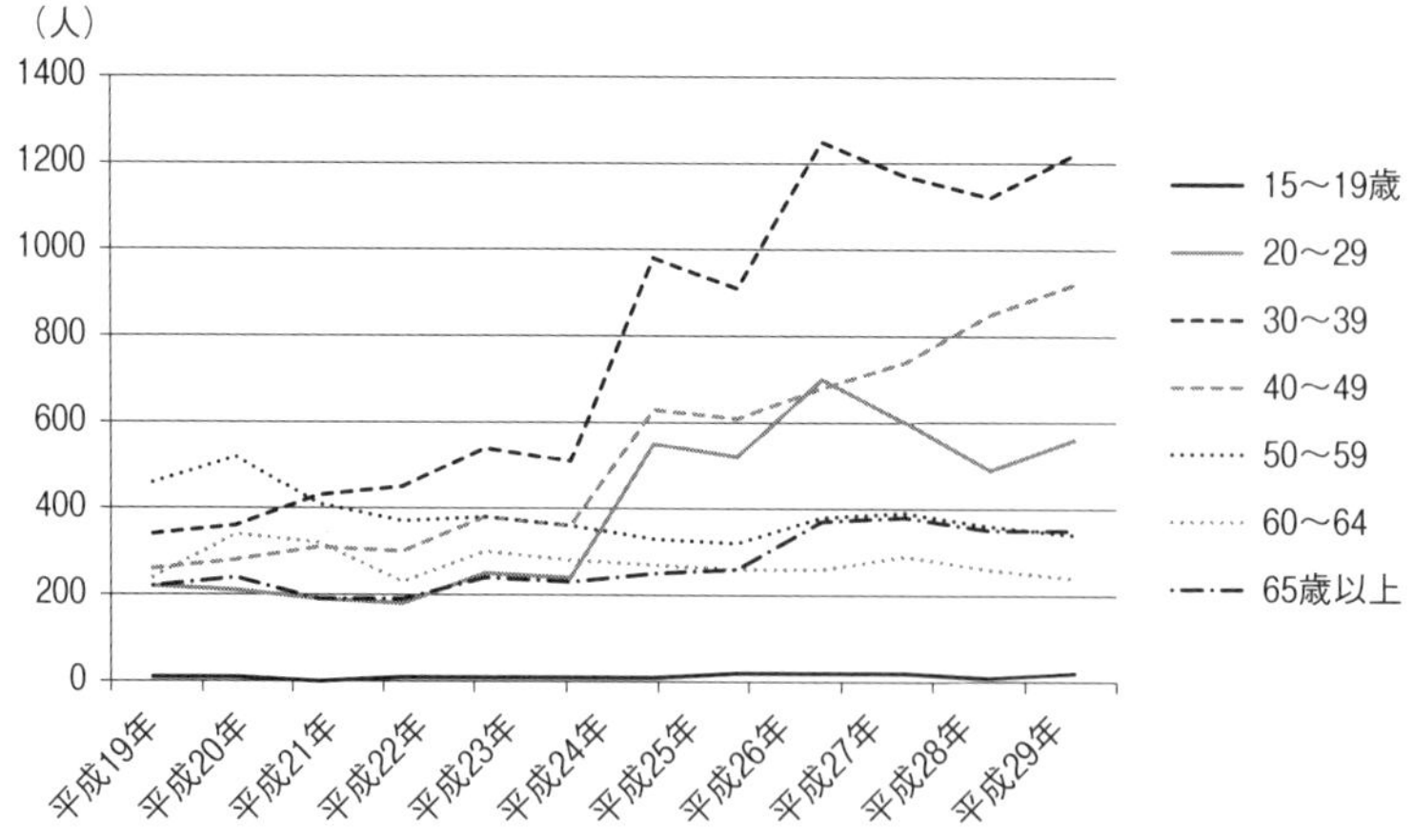

図6-16　年齢別新規参入者数の推移

出典：農林水産省『新規就農者調査』

はいえないのである。

その上で、この新規参入者は、他産業での従事経験を持ち、年齢的にも若いので農業においても新規性を発揮する可能性が高く、農業に変革を与えるという意味では大きな意味を持っている。

3　雇用就農

近年増加傾向にあり、新規就農者数全体の増加にも寄与しているのが雇用就農である。年齢別でみると、自営農業就農者の高齢化に対して、若年層が多数を占めていることがわかる（図6－17）。非農家出身者も多いが、自営農業就農者同様に経営資源や安定した収入が確保されているところに入っていけるのが、メリットである。

この数字も就農の継続性を示すものではないので、離農したり、新規参入や既存の農業者との婚姻など他の選択肢に移行している可能性はある。若い世代の農業への入口としては重要であるが、その後雇用就農を続けていけるかどうかは、雇用する農業経営体の経営次第となる。また、雇用就農者がどの程度の経営の権限を持っているかは千差万別である。同じ就農でも経

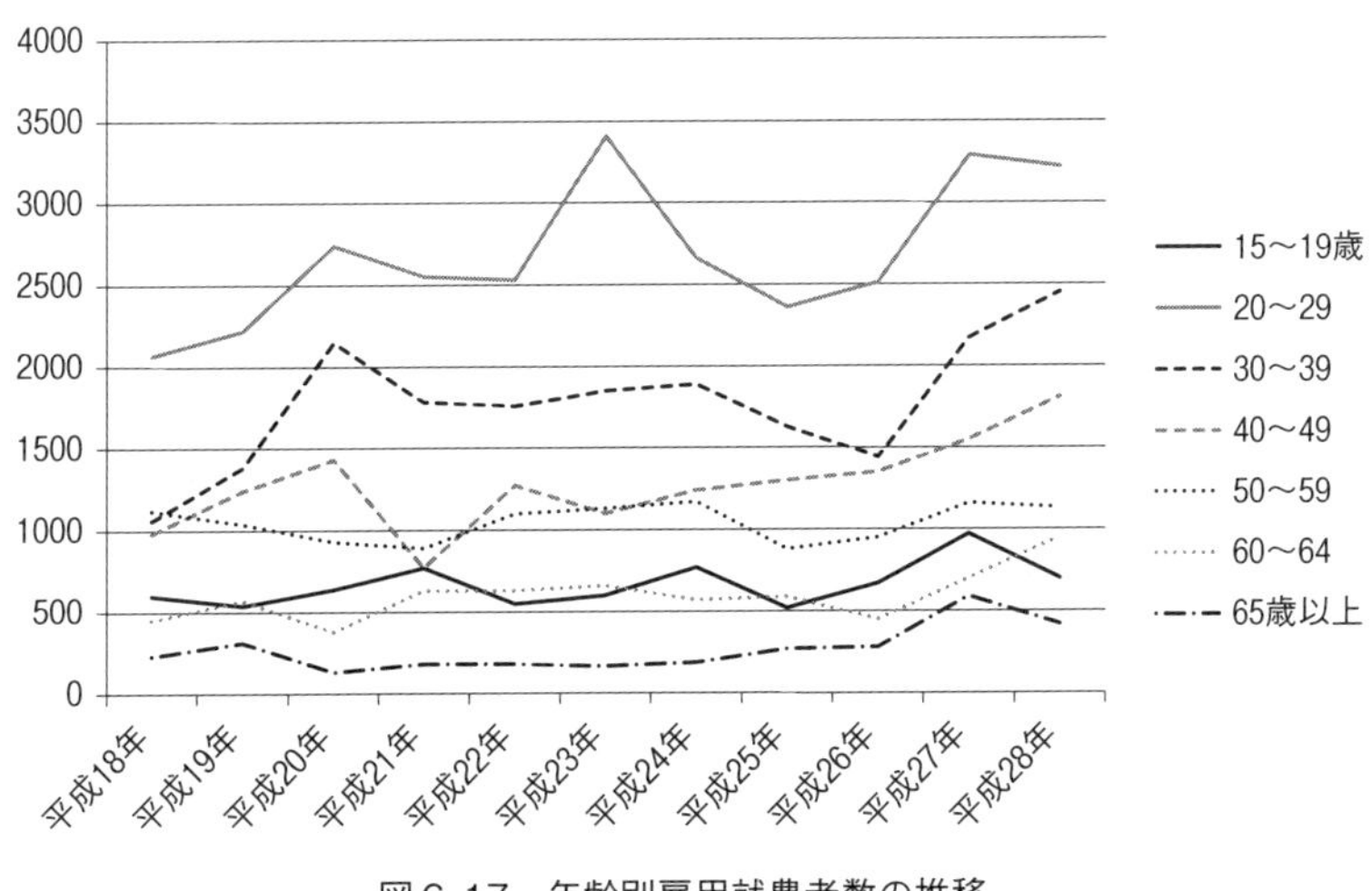

図6-17　年齢別雇用就農者数の推移

出典：農林水産省『新規就農者調査』

営に関与しているのか、あるいは単純労働力として扱われているのかによって意味合いが異なってくる。

長期的に雇用が継続され、給与水準も上昇し、経営の権限を部分的にでも与えられればよいが、実際には給与水準も低位で、単純労働力として扱われ、短期的な雇用で回転しているケースもある。また、最初から雇用就農を研修期間ととらえている農業経営体もあり、一定期間の研修を経た後に、新規参入していくケースもある。場合によっては、農家出身者が自営農業に就農する前の研修として雇用就農しているケースも見られる。若い雇用就農者の増加がそのまま維持されるというふうに単純にとらえることはできないのである。これには、雇用就農した本人の努力だけではなく、長期的に雇用を継続できる経営体の発展が必須の条件となるので、人材確保という視点だけでは難しい。

以上、次世代の農業経営を誰が担うのかという視点で見ると、非農家からの人材の流入（新規参入や新規雇用就農）が無視できないものとなってきており、その間での移行を伴いつつ（図6－18）今後の農業経営を支えていくことになると考えられる。

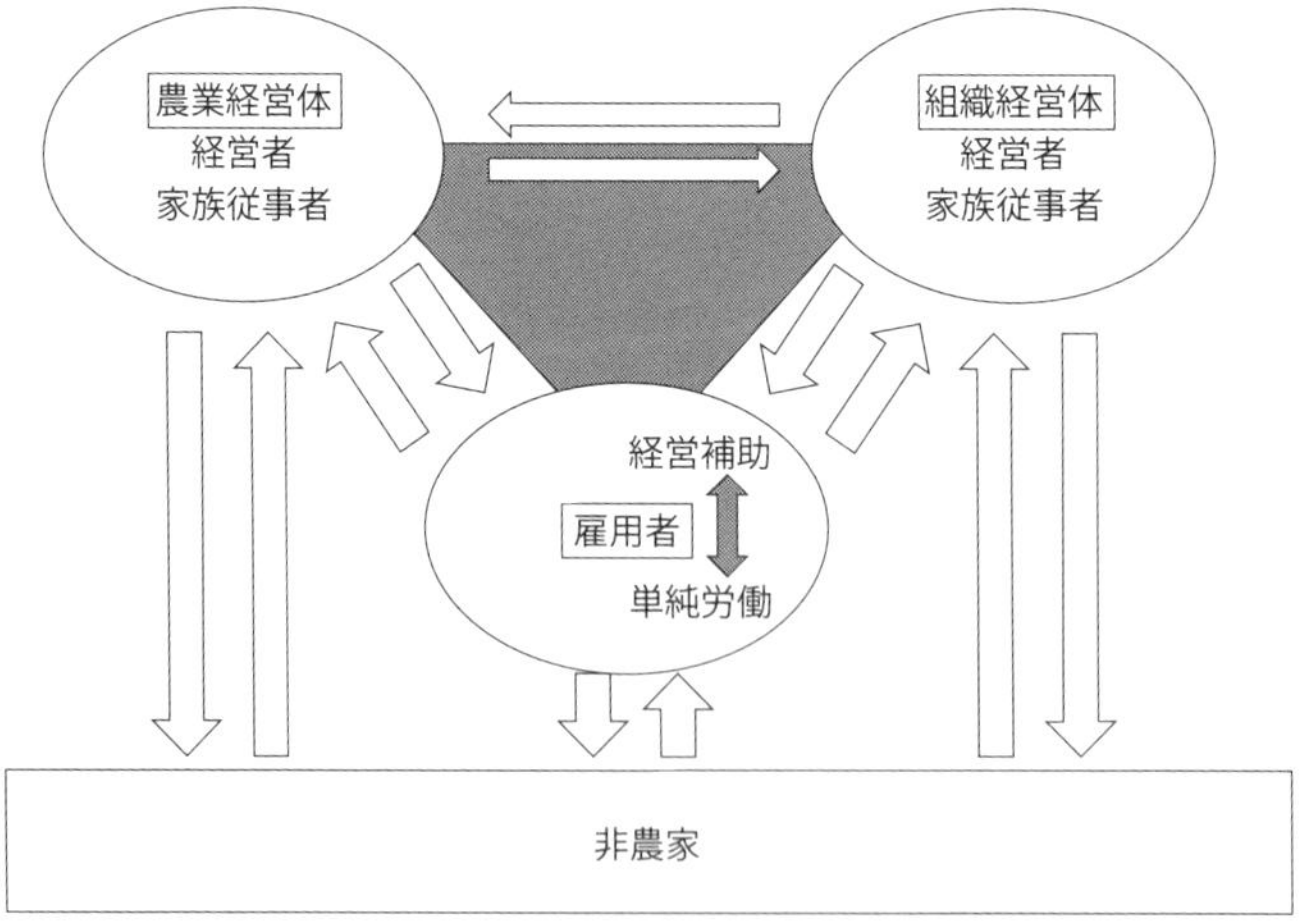

図6-18　農業経営の多様な担い手の構造

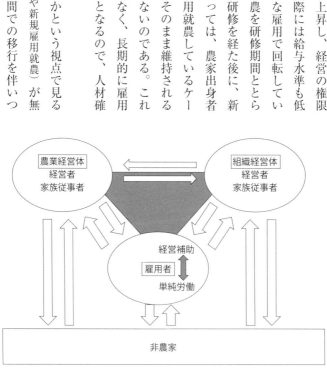

4　新規参入の課題

新規自営農業就農や新規雇用就農に比べると、新規参入することのハードルが高いことは前述したとおりである。その課題は、農地、資金、技術、さらには販路などの経営資源の確保にある。[6]また、農業では職場と生活の場が一体化することが多いため、住宅や医療、教育、生活必需品など生活資源の確保も重要な課題となる。[7]とくに農地や住宅の確保においては、地域内に偏在する情報を把握する必要がある。また、技術においても、全国共通のものばかりではなく、気候風土に適合した地域特有のものを吸収しなければ、営農を続けることが難しい。[8][9]それら地域に蓄積された知識を外から入ってきた者に簡単に教えてくれるわけではない。地域での人間関係をつくって、教えてもらえるものを少しずつ増やしていくしかない。[10]経営資源や生活資源の確保にもつながる新規参入にあたって重要な条件の一つがコミュニケーション能力である。

就農の理由として、都会や会社での人間関係等に起因するものもあるが、[11]農業や農村での人間関係はそれ以上に密なものであり、またそれを無視しては営農の継続も、農業経営の拡大も容易ではない。

第3節　農業の担い手確保支援制度とその課題

1　政策的支援——農業次世代人材投資資金等の整備——

新規参入者や雇用就農者の増加は、それまで農家出身者のみを対象としていた農政にも大きな変化を与えることになり、非農家出身者が就農する上での経営資源等の獲得を支援していく動きが現れる。

１９８７年度の全国新規就農ガイドセンター（後の全国新規就農相談センター）の設置後、新規参入者への対応

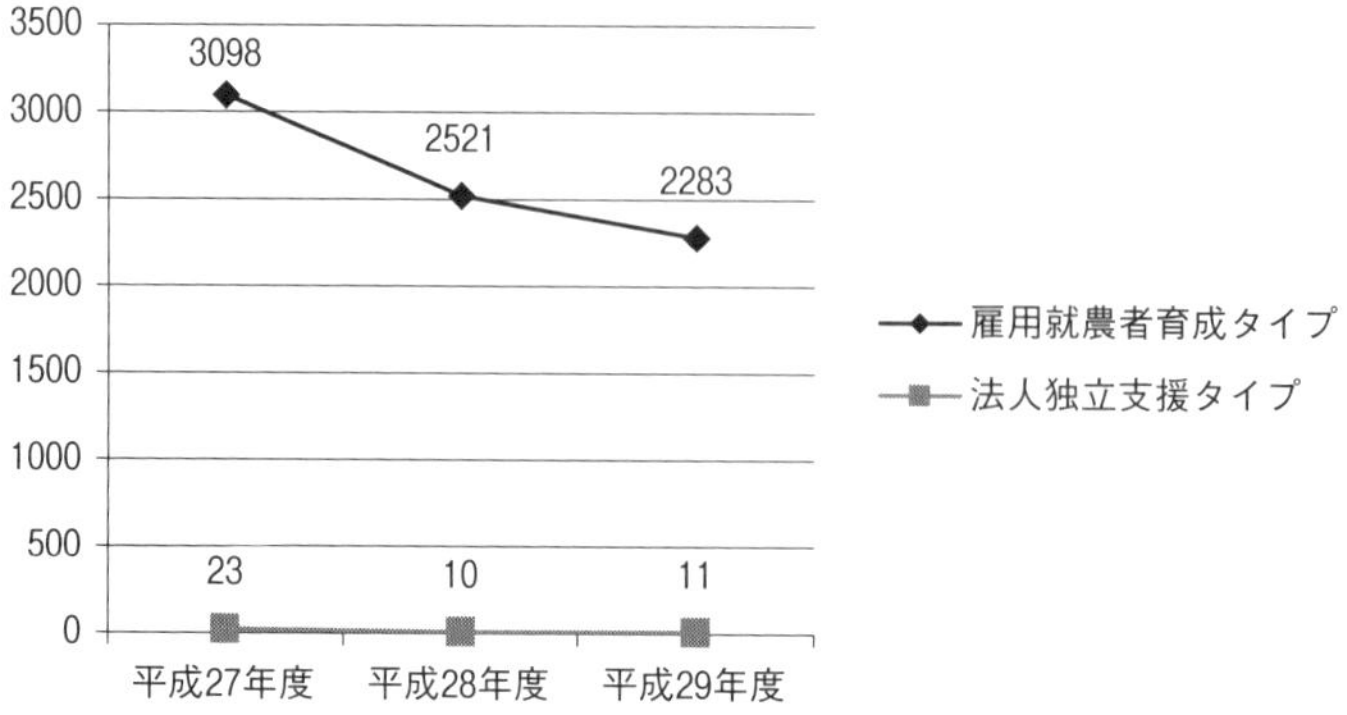

図 6-19　農の雇用事業の実績推移
出典：農の雇用事業の実績について

は徐々に進み、１９９５年2月15日には、「青年の就農促進のための資金の貸付け等に関する特別措置法」（以下、「青年等就農促進法」という）が施行された。道府県青年農業者育成センターが指定され、初期投資が大きい新規就農者への就農支援資金（無利子）の貸付が行われるようになる。

１９９７年には、都道府県段階の新規就農対応窓口も新規就農ガイドセンターの名称を使うことになり、２００１年には、新規就農相談センターに名称が変更され、それまでの全国新規就農ガイドセンター中心の指導体制から、都道府県、市町村段階にまかせる方向に転換している(12)。

この間の１９９９年に制定された「食料・農業・農村基本法」には、新規就農を推進する施策を講ずることが明記され、基本計画に反映されていくことになる。２００３年4月には、農林水産省と厚生労働省の連携による「『農林業をやってみよう』プログラム」が策定され、農業法人等への就業も含めた人材確保策が進められるようになる。

２００６年5月には、「多様な機会のある社会」推進会議（再チャレンジ推進会議）による中間取りまとめが発表されたことを受けて、これまでの新規就農対策が、再チャレンジ支援対策に基づいて再編される。これらの支援対策は、2006年12月に政府全体の支援対策をまとめた「再チャレンジ支援総合プラン」に盛り込まれている。

2008年には、リーマン・ショックに伴う金融危機や不況で、他産業での失業者が増加したことが背景となり、農林漁業での雇用促進がより一層求められるようになる[13]。同年には、農の雇用事業が開始され、2018年現在も続いている。ただし、法人独立支援タイプは実績が少数で、雇用就農者育成タイプは減少傾向にある（図6－19）。

農の雇用事業は、原則45歳未満であり、農業就業経験が5年以内、研修終了後も就農を継続する強い意欲を有している者を対象としており、雇用就農者育成タイプ、新法人設立支援タイプ、次世代経営者育成タイプの3種類がある。

雇用就農者育成タイプは、農業法人等が就農希望者を新たに雇用して実施する研修への支援で、年間最大120万円が最長2年間交付される。新法人設立支援タイプは、農業法人等が就農希望者を新たに雇用し、農業法人の設立に向けて実施する研修に対する支援で、2年目までは年間最大120万円、3年目以降は年間最大60万円、最長4年間交付される。次世代経営者育成タイプは、農業法人等が、その職員等を法人の次世代経営者として育成していくために先進的な農業法人・異業種の法人へ派遣する経費を助成するものである。月最大10万円、最短3か月から最長2年間交付される[14]。

2012年からは、就農準備段階から就農開始後までを考えた支援策として、新規就農総合支援事業が実施される。これには、農の雇用事業の他、青年就農給付金（準備型、経営開始型）、農業経営者育成教育機関に対する支援が含まれていた[15]。平成24（2012）年度補正予算からは、新規就農・経営継承総合支援事業、2017年度からは農業人材力強化総合支援事業と名称を変更しているが、2018年度現在も継続している。

就農前から就農初期にあたっての支援として、重要な位置づけをもっているのが、農業次世代人材投資資金（旧・青年就農給付金）である。農業次世代人材投資資金は、原則45歳未満であり、次世代を担う農業者となることについて強い意欲を有している者を対象としており、就農前の研修期間の支援をする準備型、就農後経営初期の期間を支援する経営開始型の2タイプに分かれる。

準備型では、都道府県が認めた研修機関・先進農家・先進農業法人で研修を受ける場合に、定められた要件を満たすことを条件として年間150万円を最長2年間交付してもらうことができる。ただし、研修終了後1年以内に就農し、交付期間の1・5倍（最低2年）の間営農を続けなければならず、これに違反する場合等には交付金の返還が求められる。

経営開始型では、認定新規就農者[16]として青年等就農計画に即した農業経営を行うなどの要件を満たすことで、年間最大150万円を最長5年間交付してもらうことができる。前年の所得に応じて、交付金額が変動することになっており、350万円を超えると交付額は0となる。交付期間終了後交付期間と同期間以上営農を継続できなかった場合等に返還が求められる[17]。

実績としては、準備型が横ばいなのに対して、経営開始型が著しく上昇しているように見えるが（図6－20）、これは採択を受けた後最長5年間交付を受けられることによる。新規採択という点では、経営開始型は準備型を上回ってはいるものの若干減少傾向にあるといえる。

準備型の要件では、都道府県が認めた研修先での研修が義務付けられていることから、研修と資金の支援が一体となった仕組みとなっている。農地については、2013年12月5日に農地中間管理事業の推進に関する法律が成立し、あわせて農業経営基盤強化促進法等の改正が行われ、農地利用の集積集約化を行う農地中間管理機構が都道府県段階に創設された。2014年の農地法改正では、農地台帳の公表が義務付けられ、全国農業会議所が運営する農地ナビでＩＴを利用した農地情報の公開も進められている。このように仲介や情報提供を積極的に進めるためのシステムはできているが、実際の農地の権利移動は地域の人的関係に基づいて行われることから行政の支援だけでは限界が見られる。

２０１７年度からは、経営開始型の受給者に、経営・技術、営農資金、農地についておのおの専門のサポーターをつけることが条件となった。就農がゴールではなく、就農後定着するまでに大きな課題があることによる。現状では、経営・技術は農業改良普及員やＪＡの営農指導員、営農資金は日本政策金融公庫やＪＡの担当者、農地は農業委員が選ばれることが多い。

住宅については、市町村が公営住宅の建設・賃貸まで行うケースもあるが、私有財産に関わる範疇であるため、農地同様に行政が直接あっせん等を行うのは容易ではない。販路に至っては、行政が直接関与することは難しい。

これらの条件と並んで、重視しなければならないのが、地域との関係である。前述したように農業は仕事

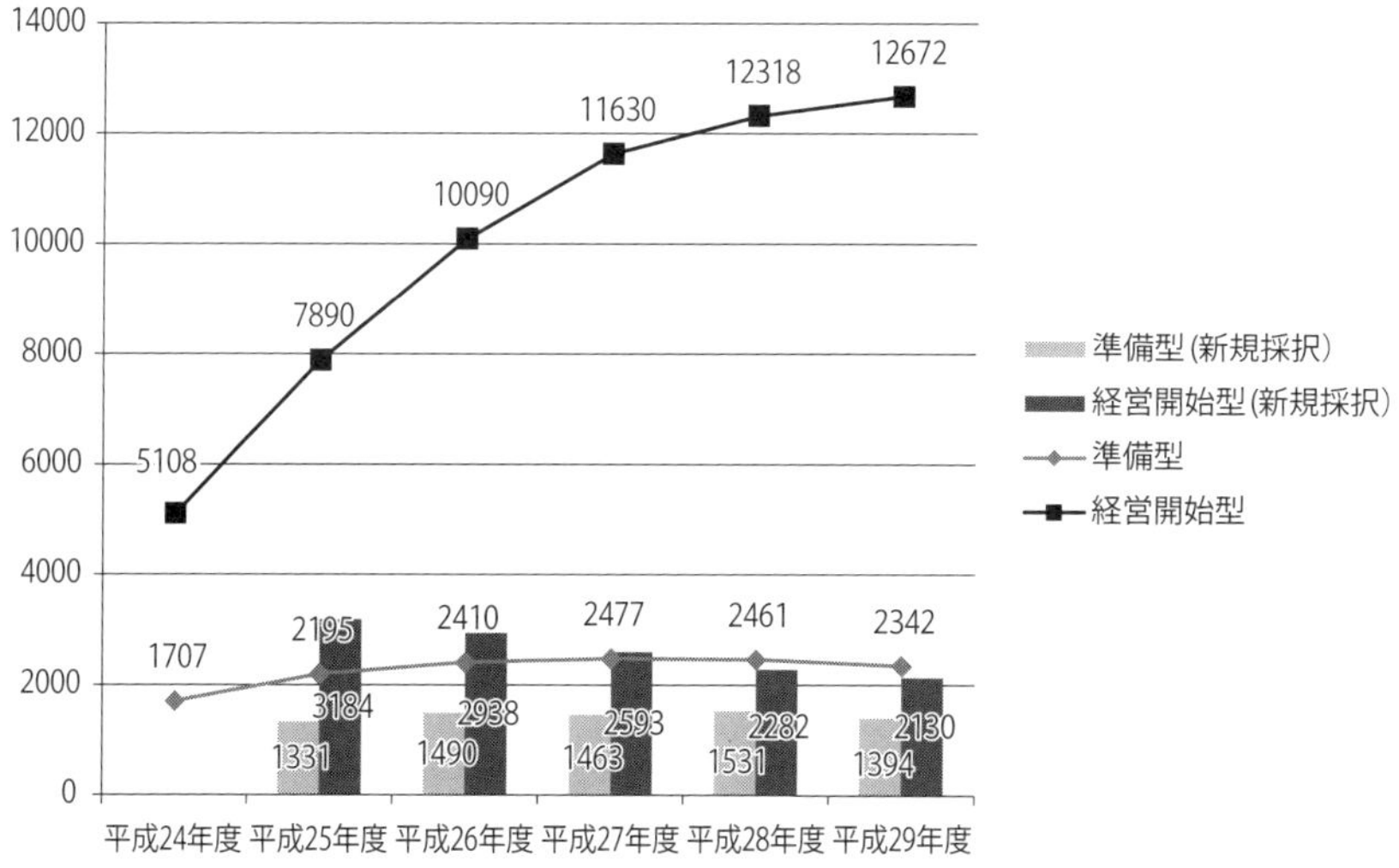

図６-20　農業次世代人材投資資金の実績の推移

出典：農業次世代人材投資事業（旧青年就農給付金事業）の交付実績について

と生活の場が一体化しているため、地域に認められないと営農の継続も難しい。逆に地域が協力してくれることにより、結果的には農地、住宅、技術、販路、中古の機械・施設などの経営資源・生活資源の確保につながることになる[18]。そのため、就農支援の仕組みの中でも、就農希望者、新規就農者と地域の農家等との関係づくりが重要な位置づけをもつようになってきている。

2　就農支援と課題

就農支援では、国、都道府県、市町村の行政ルートがあり、新規就農時に直接対応する位置にあるのは市町村である（図6－21）。就農支援の主体としては、他にＪＡや農業者・農業法人等があり、就農相談の窓口となっている全国新規就農相談センターや都道府県新規就農相談センターは、新規就農希望者に市町村、ＪＡ、農業者・農業法人等を紹介する。これらに加えて

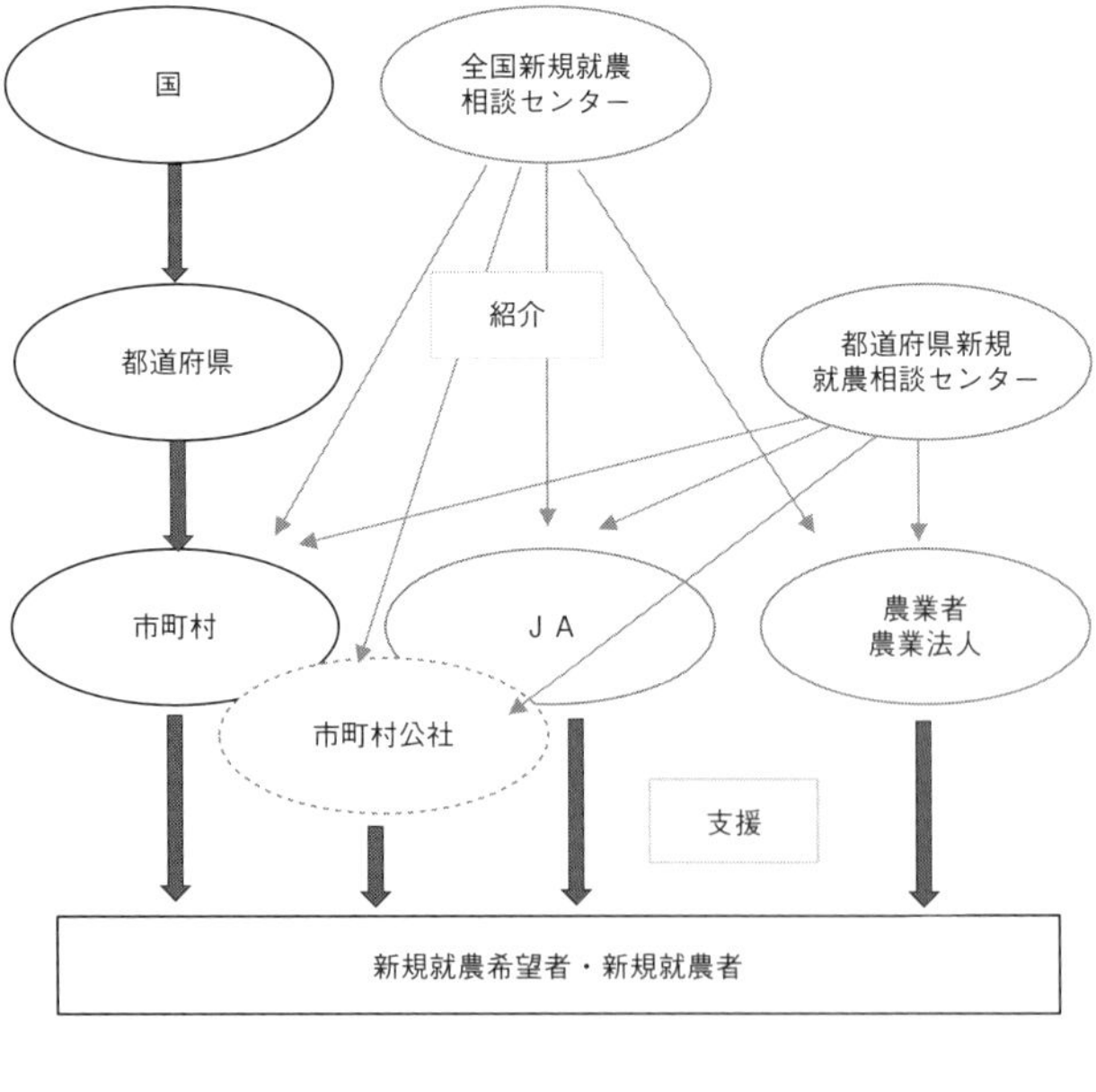

図6-21　新規就農支援主体の概観

資金面では、ＪＡ系統組織、日本政策金融公庫、青年農業者等育成センター、農地のあっせんでは農地中間管理機構や農地集積円滑化団体、農業委員会、その他にも土地改良区、酪農ヘルパー組合などの関係機関の協力が、就農やその後の定着に欠かせない。また、多数の支援機関の調整役としては、都道府県の出先機関としての農業改良普及センターの役割が大きい。

これら主要な役割を担う組織・個人の協力体制やどこが中心となっているのかについては、地域ごとに大きな差がある。歴史的にも国に先んじて就農支援に取り組んできた地方自治体や農業者等があり、独自の取り組みを続けながら国の制度を活用している場合もある。

行政の就農支援では直接対応する位置にある市町村であるが、一部の例外を除くと単独で就農支援を主導できるところは稀である。その理由としては、農業の専門職員がいないことが多く、数年で担当者が入れ替わってしまうことによる（表６―１）。

ＪＡは、経営・技術、農地、営農資金をトータルにカバーし、さらに販路も確保している強みがある。就農支援にあたっては、主要な販売品目に特化していることが多く、新規性に欠ける反面、新規就農者の営農を安定させることに寄与している。しかしながら、既存の組合員への配慮等から新規就農支援に消極的なＪＡも多く、広域合併による市町村域とのズレも就農支援の足並みが揃わない一因となっている。

有機農業などの普及、研修に伴う労働力の享受、栽培方法や販路を同一とする仲間を増やすためなどの理由から農家や農業法人が就農支援を行うケースも見られる。資金面での支援は難しいものの、技術については地域特性に即したより具体的な能力を身に着けさせることができ、農地については公には上がってこない情報の提供と仲介を担うことができる特性がある。販路についても、ＪＡとはまた異なる独自のものを構築している場合があり、紹介を受けることで新規参入者がその恩恵に預かれることもある。その農家や農業法人のネットワークにも

表6-1　主体別就農支援のメリット・デメリット

支援主体	メリット	デメリット
市町村	行政ルートの政策的な支援をスムーズに受けられる。 窓口としての認知度が高く、相対的に相談しやすい。	支援を受けるために居住地・就農地などの制約（市町村内）がある。 農業の専門職員がいないことが多く、担当者も数年で交代してしまう。 販路に対する支援が難しい。
ＪＡ （ＪＡ出資法人含む）	経営・技術、農地、営農資金、販路をトータルにカバーし、安定的な就農を実現できる。 地域の栽培技術・農地等の情報提供が可能である。	支援を受けるために居住地・就農地などの制約（ＪＡ管内）がある。 就農にあたって特定の栽培品目に限定されることがある。 既存の組合員への配慮から支援に消極的な場合がある。 広域合併による市町村域とのズレから支援の足並みが揃わないことがある。
農家・農業法人	実際の営農に即した研修を受けることが可能である。 地域の栽培技術・農地等の情報提供が可能である。 JAとはまた異なる販路を紹介してもらえることがある。 支援の条件として、居住地・就農地などへの制約がない。	支援についてのばらつきや不安定さ等をある程度容認しなければならない。 行政ルートの政策的な支援を受けるためには、あらためて手続きをする必要がある。

よるが、ＪＡや市町村のように居住地・就農地の制限を受けずに、全国的あるいは国際的にも活動できるのが強みである。さらに個別の農家・農業法人としての支援の限界を打破するために、ＮＰＯ法人などの組織化を図る例もみられる。

このように地域の農家・農業法人の就農支援能力は大きく、行政自体も農家・農業法人を就農支援の仕組みの中に積極的に取り入れている（これによって表6－1にある農家・農業法人のデメリットの解消も期待される）。

研修生が新規参入を支援する地元農業者（里親）のもとで行う研修をコーディネートする長野県の新規就農里親研修、技術指導や地域との橋渡しをする地元農業者（後見人）をつけるとともに就農用地を行政が仲介して最初に確保している京都府の「担い手養成実践農場」など、現在は各地で地域の農業者・農業法人を取り込んだ就農支援の仕組みが広がってきている。また、埼玉県宮代町の「宮代町農業担い手塾」や福井県若狭町の「かみなか農楽舎」の取り組みは、市町村段階が中心となって、同様の取り組みをしている事例として注目される。

新規就農者の中でも、非農家出身の新規参入者は就農時の規模が小さく、その後の規模拡大で停滞することも多い。第三者継承により、ある程度の規模を就農時から引き継ぐ仕組みも進められてはいるが、譲渡するリタイア農業者側の心変わりなど頓挫するケースも少なくない。そのため農業法人を新規に設立して、新規参入者に引き継ぐという方法も見られるようになってきたのである。

そして、市町村の支援が効果的に機能している場合や複数の関係機関が連携する場合には、都道府県段階の組織、とくに農業改良普及センターが主導的な役割を果たしていることも多い。配置転換は市町村同様にあるものの、農業の専門職員を配置していること、JA管内と市町村域のずれに対して広域で対応できることによる。農業者や農業法人の支援でも、資金等で行政を中心とした他の関係機関との連携は欠かすことができず、その意味でも農業改良普及センターは重要な存在である。

第4節　農業労働力問題の解決方向
――多様な労働力の必要性と地域と協力した支援の拡充――

最後にこれまでの内容を包括し、若干の補足を加えて結びとしたい。

農業労働力問題の現状を見ると、組織経営体・法人経営体が増加し、家族経営体も含めて常雇いが増加する等雇用就農への依存を高めている一方で、農業従事者等は減少し、高齢化も著しい。新たに入ってくる人材（新規就農者）についても、その大半を占める農家出身の新規自営農業就農者の就農時期が高齢化しているが、相対的に年齢層が若い非農家出身の新規参入者、雇用就農者が少しずつではあるが増加している。

農業労働力問題の中には、経営者と単純労働力の確保の二面性が存在している。経営者という点では、かつてのような作物を栽培するというだけではない販売・労務管理等の能力が求められるようになってきている。農業経営の担い手確保という点では、農家出身の新規自営農業就農者が現在も数的には多いが、新規参入者や新規雇用就農者の年齢層の若さや新規性に期待がかけられる。ただし、その継続性には問題があり、雇用就農については雇用する農家・農業法人の経営的安定が求められる。

雇用労働力の需要に対しては、外国人労働者に頼るところも大きい。一方で外国人技能実習制度の改正や雇用者による経営参画など、経営者と雇用者と単純労働力という二極構造とばかりはいえない形にわずかながらも変化してきている。多様な経営体と多様な人材が複雑に混じり合っているのが現在の日本農業の姿といえる。

農業経営においても採算性だけを求めるのであれば、一部の法人経営のみが条件のよい農地を集積・集約し、低賃金の労働者を活用して、生き残っていくのかもしれない。しかしながら、国土保全や食料安全保障等の農業の多面的機能を踏まえれば、そのような有利な条件が整っていない経営体にも存在意義があり[19]、就農支援制度もまた条件が不利な中山間農業地域で積極的に行われている。逆にいえば、農業生産諸資源を健全な状態で「次世代へつなぐ」役割が農業経営体には求められているのである[20]。同時に条件がよいと思われる平地農業地域や都市近郊でも人材が不足する状況が生まれており、その対策が課題となっている[21]。

多様な経営体と多様な労働力の出現は一時的で、今後収れんされていくというものではなく、さまざまな条件に合わせて営農を継続していくための必要条件といえる。概観ではあるが図6－22に示したように就農状況にも地域差があり、地域の実情に応じた多様な経営体と多様な労働力の適切なマッチングを進めていく必要がある。

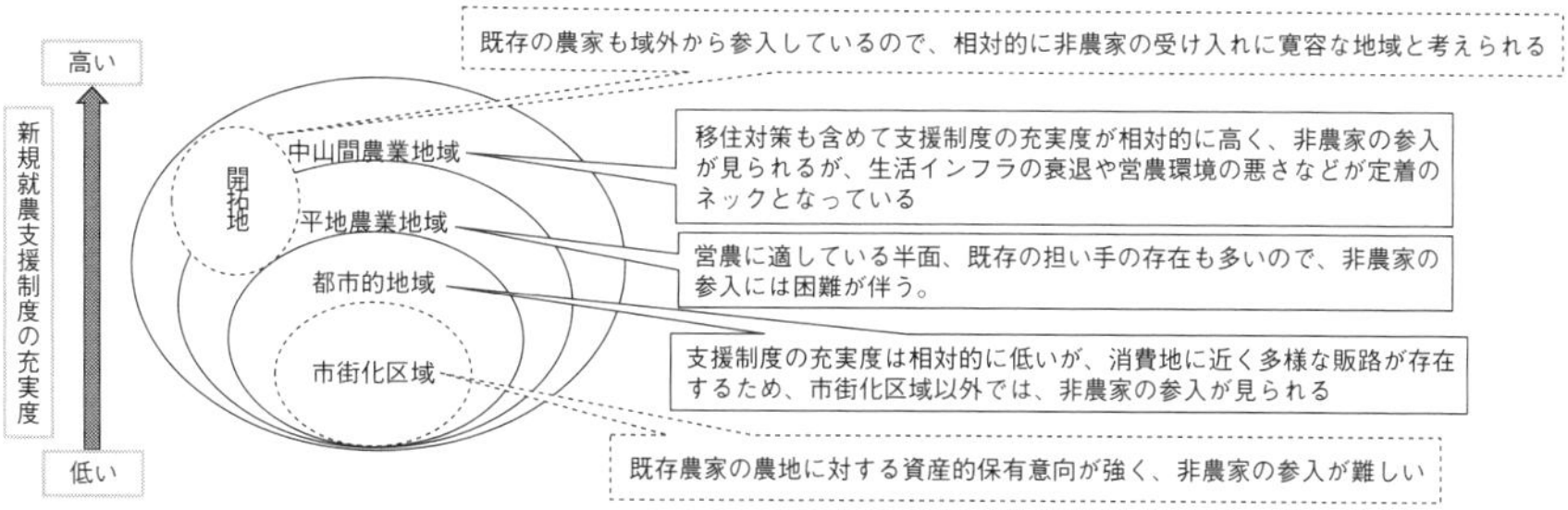

図6-22　新規就農状況の概観

新規参入にあたっては、経営資源および生活資源の確保が課題となっているが、近年では就農支援制度が充実してきており、市町村、ＪＡ、農家・農業法人等を主体とした就農支援が重要な役割を持っている。とくに農家・農業法人がもつ地域情報の仲介は大切であり、他の支援主体にも活用されている。今まで以上に農家・農業法人の力を取り込んでいく必要がある。が、負担を全部農家や農業法人に押しつければ、逆に限界に行き当たることになる。関係機関との協力をふまえて、農家・農業法人の負担を軽減しながら協力を仰ぐべきである。複数の関係機関が連携する場合などには、農業改良普及センターが主導的な役割を果たしていることが多いことから、全国規模でのこの役割の強化が求められる。また、支援主体としての農家・農業法人だけではなく、その他の地域の構成員が経営資源や生活資源の出し手として、新規就農者の経営・生活を継続する上でのステークホルダーとなっていることも支援制度の構築の中で考慮していかなければならない。

農業次世代人材投資資金の経営開始型でのサポーター制度が始まったように、就農してそれで終わりではなく、経営が継続するような支援が必要とされている。それは、単に人員配置をするということではなく、必ずしも経営として有利ではない状況を受け入れざるを得ない農業経営をどう維持していくかを考えるということでもある。多面的機能への直接支払等も含めて、就農という点から脱した連続性のある支援体制が求められることになるだろう。

注

（1）ダニ・ロドリック『グローバリゼーション・パラドクス：世界経済の未来を決める三つの道』白水社、237頁。
（2）15歳以上の世帯員のうち、調査期日前1年間に自営農業に従事した者。
（3）自営農業に従事した世帯員（農業従事者）のうち、調査期日前1年間に自営農業のみに従事した者又は農業とそれ以外の仕事の両方に従事した者のうち、自営農業が主の者。
（4）農業に主として従事した世帯員（農業就業人口）のうち、調査期日前1年間のふだんの主な状態が「仕事に従事していた者。
（5）梅本雅「雇用型経営の形成に向けた課題と方向」『農業と経済』Vol.84 No.8（2018年）、7頁。
（6）澤田守『就農ルート多様化の論理展開』農林統計協会（2003年5月20日）。
（7）新規参入者には、農業参入に必要な経営資源の確保だけではなく、地域参入に必要な生活資源（住宅や地域の人間関係）の確保が必要であることが指摘されている。江川章「新規就農者の動向とその育成支援――農外からの新規参入者を中心として――」『農業法研究』40（2005年5月）。
（8）新規参入での地域住民、地域社会との関係の重要性については、早くから指摘されている。内山智裕「農外からの新規参入の定着に関する考察」『農業経済研究』第70巻第4号、1999年等。
（9）農地等の権利取得が、地縁・血縁の有無に大きく左右されることを指摘した論文として、島義史・関野幸二・迫田登稔「新規参入における経営資源取得過程の相違」『農業経営研究』第40巻2号、2002年、などがある。
（10）新規参入の支援体制における地域の関与の重要性を指摘した論文として、片岡美喜「農業への新規参入者に対する教育・研修システムと地域受け入れ体制に関する一考察」『農林業問題研究』第162号、2006年、倪鏡「農業への新規参入者の経営展開と地域における役割――群馬県旧・倉渕村を事例に――」『地域政策研究』第9巻第2・3号合併（2007年）などがある。
（11）全国農業会議所・全国新規就農相談センター「新規就農者の就農実態に関する調査結果――平成28年度――」によると新

規就農者の就農理由として「サラリーマンにむいていなかったから」が16・6％、「都会の生活が向いていなかったから」が3・9％となっている（複数回答三つまで）。

(12) 新規就農相談センターの活動経緯については、前掲『農業委員会等制度五十年史』参照。

(13) 神山安雄「農林漁業の雇用推進対策は雇用対策になりうるか?」『都市と農村をむすぶ』2009年10月号。

(14) 平成30年度「農業人材力強化総合支援事業実施要綱」。

(15) 青年就農給付金は、就農前の研修期間（2年以内）及び経営が不安定な就農直後（5年以内）の所得を確保するために給付されるものであり、農業経営者育成教育機関に対する支援とは、地域の中核教育機関や高度な農業経営者育成教育を実施する教育機関の取り組み経費の一部を補助するものである。

(16) 2014年度には、農業経営基盤強化促進法に青年等就農計画制度が位置づけられ、市町村が青年等就農計画を認定するようになる（認定された者は、認定新規就農者となる）。同時に旧来の就農支援資金の内容を拡充した青年等就農資金が新設され、都道府県融資から日本政策金融公庫融資へとそのプロセスも変更された。

(17) 平成30年度「農業人材力強化総合支援事業実施要綱」。

(18) 農家後継者に対する新規参入者の不利を緩和するために、新規参入予定地に近接した研修受入先進農家の確保が重要であるという指摘も早い段階からされている。稲本志良「農業における新規参入——その背景と条件整備の考え方——」『農林金融』第39巻第12号、1986年。

(19) 家族経営体や集落営農組織などの多様な農業経営体の存在意義については、小田滋晃・長命洋佑・川﨑訓昭「次世代を担う農企業戦略論研究の課題と展望」『生物資源経済研究』第18号、2013年。

(20) 小田滋晃・市田知子「「次世代農業のゆくえ」解題」『農業経済研究』第89巻第2号、2017年。

(21) 一般財団法人農村金融研究会編、株式会社農林中金総合研究所監修『新規就農を支える地域の実践　地域農業を担う人材の育成』農林統計出版、2014年、2頁。

第7章

経済のグローバル化と地域問題・地域政策

岡田知弘

はじめに

「地域問題」という言葉からは、多様な広がりの地域と多相な問題の組み合わせが連想される。例えば、「アジア農村地域の貧困問題」から始まり、「個別集落の消滅の危機」というように。そこで、本書のテーマに即して、本章では1980年代後半以降の日本国内、とりわけ農山漁村地域における社会経済問題に限定して論じることにする。

この時期は、一般に経済のグローバル化と特徴づけられるグローバル資本主義が国境を越えて形成され、各種通商協定の締結を通して、人、商品、資本の移動が格段に活発化したことで特徴づけられる。このようなグローバル化によって、経済成長の恩恵を受ける地域と負の影響を受ける地域が、各国内で分化・対立し、後者で生じる事態が為政者によって「地域問題」として認識され、それに対処したり、未然に防止するための「地域政策」が立案されることになる。

　他方、日本には、1930年代以来、固有の国土開発政策の流れがある。戦後の国土総合開発法、それを継承する国土形成計画法の下で立案されてきた「国土計画」においても、時々の為政者サイドが認識した「地域問題」が存在していた。それらは、一般的には立案時における日本資本主義の発展段階に規定された内容だったといえるが、そのような計画行政によって具体的な「地域問題」が解決されたかといえば、そうではない。むしろより深刻な形で残存したり、新たな問題を生み出すことになった(1)。

　その原因の一つは、「地域問題」をめぐる政策立案サイドの認識の「主観性」が誤った政策を導いているという点にある。立案サイドの主観的な「地域問題」論を相対化するためには、現場の地域における「地域問題」を可能な限り客観的に把握することが必要となる。しかも、現場の地域には、その内部に「地域問題」を打開しようとする内在的取り組みが存在している場合があり、問題解決の展望はそれらの主体的取り組みに着目することで開かれるといえる。

　本章では、経済のグローバル化による国内地域問題の表出と、日本固有の国土開発政策の立案・執行過程における「地域問題」、とりわけ農村問題の把握の仕方を批判的に捉える視点から、とくに第二次安倍晋三政権下における「地方消滅」論を前提にした国土政策と農村政策を検証するとともに、「地域問題」を解決するための展望にも言及してみたい。

第1節　経済のグローバル化と地域問題・国土政策

1　経済のグローバル化と条件不利地域・農村政策の登場

日本における経済のグローバル化は、1980年代半ばから本格化する。85年のプラザ合意、86年の「前川リポート」に端を発して、米国やヨーロッパからやや遅れる形で、海外直接投資が活発化するとともに、日米貿易摩擦を回避するための経済構造調整政策が開始される(2)。

前川レポートは、内需拡大型経済構造への転換のために、民間活力の導入と規制緩和による公共投資の拡大、積極的産業調整、農産物貿易自由化をはじめとするいっそうの市場開放、製品輸入の促進のほか、直接投資の促進そのものを謳った。中曾根康弘内閣は、第四次全国総合開発計画（四全総　1987年）を策定し、当面する第一の重点課題を、「大幅な対外不均衡の是正」するための「思い切った経済構造調整の推進」に置いた。

海外直接投資にともなう国内工場の閉鎖、さらに農産物や中小企業製品、鉱産物の積極的輸入政策という「二重の国際化」の結果、負の影響を受けたのは大都市部ではなく農山漁村地域であった。1991年のバブル崩壊は、折からのリゾート開発ブームを破たんさせ、北海道をはじめとする地方経済に打撃を与えた。

1980年代末からの日米構造協議、93年末のガット・ウルグアイ・ラウンドの合意（94年批准）を通して、主食の米や、選択的拡大の対象品目であった果樹や畜産との競合品目を含むほとんどの農産物が輸入されることになった。コメについては、1995年の38万トンから始まり2000年の76万トンにいたるミニマム・アクセスを約束することになった。

ガット・ウルグアイ・ラウンドは、各国の主権に属する農業政策の枠組みの改変も迫った。日本では、交渉妥結後を展望した農政改革の基本方向が、「新しい食料・農業・農村政策の方向」（いわゆる「新政策」）として、早くも1992年6月に発表された。これは、農業基本法を根本的に見直し、生産・流通段階において「市場原理・競争条件のいっそうの導入を図る政策体系に転換」することを標榜していた。「新政策」に盛り込まれた内容は、その後農政審議会の答申（94年8月）やウルグアイ・ラウンド関連対策のなかで順次具体化していった。第1に、農産物貿易の大幅な自由化に対して国内農業の体質を強化するため、法人経営を含む「多様な担い手」による大規模経営を目指した。第2に、農産物輸入の影響が最も大きいと予想される中山間地域を対象に、特定農山村法が制定された。

地域問題としての中山間条件不利地域問題が、政策サイドで自覚化されたわけである。しかし、その政策手法は、EUの条件不利地域で実施されているような直接所得補償方式ではなく、融資事業と公共事業の導入にとどまった。ウルグアイ・ラウンド関連対策においても、中山間地域を重点対象に、公共土木事業や融資事業に振り向けられた。中山間地域対策としては、耕作放棄地の発生を防止し、集落単位での担い手を育成するために中山間地域等直接支払制度が2000年度から導入されることになる。しかし、集落協定の締結や5年以上の農業生産活動の継続等、細かな条件が設定され、かつ肝心の農業の担い手が高齢化し、減少するなかで、むしろ「限界集落」「集落消滅」問題が注目されるようになる。(3)

2 「グローバル国家」論と小泉構造改革

1996年1月、村山富市連立内閣が倒れ、自民党の橋本龍太郎内閣が発足する。橋本内閣は、行政改革に本格的に取り組む。橋本内閣発足直後に、早速、財界団体の経済団体連合会（経団連）は、「経団連ビジョン2020」を提言する。同ビジョンでは、「企業に選んでもらえる国づくり・地域づくり」を「活力あるグローバル国家」と名づけた。

ここでいう「グローバル国家」像は、「今や世界経済の主要な担い手は多国籍企業であり、日本が世界経済のセンターの一つとして生き延びようとするならば、多国籍企業に選んでもらえる国づくり、地域づくりをしなければならない」というものであり、そのために賃金、法人税、社会保障負担等の多国籍企業からみれば「高コスト」にみえる経済構造の改革、そして「官」のスリム化と「民」への開放を迫った。この提言をうけた橋本首相は、同年6月に「橋本行革ビジョン」を策定する。その内容は経団連提言に即したものであり、法人税率の引下げと消費税率の引上げ、社会保険料等の国民負担の拡大、労働法の見直しによる雇用の流動化、国と地方の行財政権限の見直しと地方分権化、中央省庁等の改革が盛り込まれた。

農政に関していえば、小渕恵三内閣の下、1999年に農業基本法に代わり食料・農業・農村基本法が制定された。これにより、食料自給率の目標設定が義務づけられたほか、政策の範囲が食品安全から農村環境問題にいたるまで大きく広げられることになった。併せて、同法に基づき食料・農業・農村基本計画が策定されることになり、農政の柱として農村政策が独自に据えられることとなる。また、新法では第8条に、地域の実情に合わせた農業政策の立案、執行は地方自治体の責務であると書き込まれることとなった。これは、同時期に改正された中小企業基本法第6条と同様の規定であり、地方分権一括法が制定されることに対応して、地域産業政策の主体としての地方自治体の役割を重視した結果であった。とはいえ、逆に、農業・中小企業政策における国の責任が不明確になるという問題もはらんでいた。

2001年4月に発足した小泉純一郎内閣は、経団連の「グローバル国家」論をベースに構造改革を強力に推進する。ちょうど中央省庁改革の施行時期と重なり、首相の下におかれた経済財政諮問会議議員には、経団連会長や新自由主義的改革論者が民間議員として任命され、構造改革の指令塔の役割を果たす。

小泉内閣期の構造改革は、第1に、多国籍企業、金融資本の利益を最優先した金融と証券の各種規制緩和、外資誘致、郵政民営化であり、第2に、医療、年金、介護、保育の分野等での「規制改革」と「官製市場の開放」であり、第3に、内外の多国籍企業が活動しやすい「事業環境創出」を図るための、市町村合併、三位一体の改革、大都市再開発を推進であり、第4に「国のかたち」を変更するための憲法改正と道州制導入の準備であった。

これらの政策群は、産業、労働、都市開発、地方自治体の行財政体制など広範囲な分野に及んだが、農業においては食糧庁の廃止や米政策改革大綱の決定によって、いっそうの市場化を進めるとともに、財界からの農地市場の農外企業への開放要求に応え、「構造改革特区」を設定することによって、農業生産への株式会社の参入を認めることになった。

小泉内閣下での農村振興政策は、武部勤農水相が設置した農山村振興研究会の「とりまとめ」（2002年1月）で知ることができる。そこでは、現状認識として、人口減少、高齢化、耕作放棄地の増加、市町村の再編の動きを個別に列記し、「近年、生活環境や情報通信基盤の整備の遅れ等に伴い人口減少・高齢化の進行が著しく、一部には集落の崩壊のおそれがある地域も出てきている」と述べている。具体的な振興方策として提案されているのは、①客観的魅力の評価と情報ネットワークの整備、②旧市区町村や小学校区程度の規模、広がりをもつコミュニティへの再編、③法的規制ではなく契約的手法による土地利用調整への移行、④多様な参入に向けた条件整備であった。

このような認識の最大の問題点は、第1に人口減少をはじめとする農山村衰退現象の要因、とりわけ農産物輸入の増加と価格下落問題についての分析が欠けている点である。第2に、農林業の生産機能の再生を軽視していることである。第3に、経済財政諮問会議の骨太方針にある「市町村合併で地域を活性化する」という政策方向を追認し、それに対応した旧村単位へのコミュニティの再編をすすめ、第4に土地市場の自由化や多様な参入を許容する方向へと農政を転換することを求めている点である。

その後、農村地域において最も影響が大きかったのは、農協の合併推進策に続く市町村合併の推進政策であった。小泉内閣下で、三位一体の改革による財政的な圧力も活用して、「平成の大合併」が強力に推進された結果、市町村数は1999年時点の3232から、2014年4月には1718にまで減少した。地域経済に占める市町村役場の比重は、その財政支出の規模においても、雇用規模においても、さらに行政サービスによる地域内の企業や農家などへのサポート機能の点においても、過疎地域の小規模自治体ほど大きかった。合併によって広域化した自治体の周辺農山漁村地域では、農林行政職員が削減されるだけでなく、農業委員会の委員・職員も削減され、農林業の支援機能や定住機能が大幅に低下し、農村地域の活性化どころか、人口が加速度的に減少する事態を生み出したのである。

3　国土形成計画法の制定

一方、小泉内閣の下で、2005年に国土形成計画法が制定された。この法律は、半世紀ぶりに国土総合開発法を全面的に見直し、新法として国土計画策定の枠組みを定めたものである。

政府は、法制定の目的として、〈開発中心からの転換、国と地方の協働によるビジョンづくり、計画への多様な主体の参画、国土計画体系の簡素化・一体化〉を掲げた。国土総合開発法に基づく全総は、国土開発を時々の産業政策、経済成長政策を遂行するために、国が主導してトップダウン的に作成されたものであった。しかし、経済のグローバル化が進行するとともに、地域ごとの個性的な計画づくりや、開発中心の政策からの転換が求められるようになったのである。その意味で、国土形成計画法の制定は、経済のグローバル化段階に対応する国土計画を志向したものとして、ある意味、画期をなすものといえる。

この国土形成計画は、2層の計画構造になっており、全国計画とともに、北海道と沖縄県を除く地域を8ブロックに分け、そこで広域地方計画を策定する仕組みとした。最初の国土形成計画の全国計画は2008年7月に、8ブロックごとの広域地方計画は2009年8月に策定された。

だが、新たに策定された国土形成計画を見ると、全国計画が先行して策定され、それを前提にした広域地方計画が作られるというように、トップダウン的な性格を引き続き有していた。また、地方分権や多様な主体の参加を謳った広域地方計画協議会の構成も問題であった。そこには国土交通省の各地方整備局単位で、政府機関の代表者に加え、地方自治体の関係者及び民間人として各ブロックの財界代表者が入った。とりわけ、東北圏、北陸圏、近畿圏、四国圏、九州圏では、各ブロックに対応する地方財界団体である東北、北陸、関西、四国、九州の各経済連合会の会長が協議会会長を務めることになった。各協議会では、地域財界団体や自治体からの開発プロジェクト構想を取りまとめる形で広域地方計画を策定しただけでなく、向こう10年間の社会資本整備計画（公共投資計画）も策定したのである。

したがって、国土計画の地方分権化の内実は、各地方財界の社会資本整備要求がブロックごとに通りやすくなったという側面が強く、住民の要望や意見が十分に反映するような運営にはなっていないという根本的な問題を抱えていたのである。しかも、その立案過程においては、各経済団体からの開発要求が前面に出され、財界や政権の打ち出した成長戦略に即した地域開発プロジェクトを並べるという手法であり、依然として開発主義的なものに留まり、現実の地域が抱える「地域問題」の分析を前提にしたものではなかった。

第2節　「増田レポート」と国土形成計画の見直し・地方創生総合戦略

1　第2次安倍政権と「増田レポート」

２０１２年12月、民主党政権に代わり、第2次安倍晋三内閣が発足する。安倍首相は、第1次内閣以来の宿願である道州制推進基本法案の国会上程を目指したが、さらなる市町村合併を警戒する地方団体や党内からの反発が強く、強く推進できない状況に置かれた。

そのような行き詰まりと消費税増税後の不況のなかで、２０１４年5月に、一民間組織である日本創成会議（座長・増田寛也元総務大臣）が「ストップ少子化・地方元気戦略」（以下、「増田レポート」と略）を発表する。若年女性人口が２０４０年までに5割以上減少する自治体を「消滅可能性都市」、うち人口1万人未満の市町村を「消滅自治体」と名指しして自治体名を公表したうえで、「消滅」が避けがたい自治体では周辺にある地域拠点都市との連携をすすめ、その拠点都市に行政投資や経済機能の選択と集中をすすめるべきだとしたのである。あたかも地方の農山漁村地域問題をリアルに分析したレポートであるかのような言説が広がる。

このレポートは、マスコミがこぞってセンセーショナルに報道し、リストに掲載された自治体では次々と対策組織が置かれることとなった。そして、「消滅可能性都市」という言葉は、「消滅自治体」さらに「地方消滅」[5]とエスカレートしていき、地方自治体の危機感を煽りながら、安倍内閣は２０１４年9月の内閣改造で「地方創生」を重点施策として打ち出し、石破茂前幹事長を担当大臣にすえるにいたる。２０１４年11月には、解散・総選挙の直前に「地方創生関連法案」を成立させ、その後、同法に基づき、国の地方創生総合戦略の策定とともに地方自治体の総合戦略づくりを２０１５年度にかけて実施する体制をつくる。

さらに、15年10月に大筋合意となったＴＰＰ（環太平洋経済連携協定）も「地方創生」と深く関わる。安倍首相は、16年1月の施政方針演説において、「地方創生」の第一の柱としてＴＰＰの活用を強調し、ＴＰＰと「地方創生」とを「直結」させるとした。

第2次安倍政権における経済財政政策及び農政を分析する際に留意すべきは、重要な経済財政政策の決定が、従来のように与党内での議論や、農林水産省はじめ各省庁からの政策提案の積み重ねを抜きになされている点である。すなわち、民主党から政権を奪還した第2次安倍政権は、小泉構造改革が推進した官邸主導政治を復活させ、経済財政諮問会議を再開、さらに第1次安倍政権のときに設置した規制改革会議も復活、新たに産業競争力会議を新設する。それらの主要政策決定組織には、新自由主義改革を志向する学者、日本経団連、経済同友会、新経済連盟の代表等が入り、政官財抱合体制を拡大強化する。さらに、経団連は、政策評価による政治献金の再開も開始しており、政府の政策決定において重要な役割を果たしていく。逆に、農林水産大臣は経済財政諮問会議の議員から外され、農業・農村政策も官邸主導となる。田代洋一は、この事態を「官邸農政」と特徴づけている[6]。

第2に、官僚機構の幹部人事を官邸が掌握するために内閣人事局を置いた（２０１４年）ことも注目される。これにより、官邸側は自らの政策遂行に協力してくれる幹部職員をピックアップして活用することができるようになり、各省庁とも官邸が好む官僚たちが重用されていくことになった。

第3に、１９９９年の官民人事交流法に基づき、官僚機構と大企業との人事交流が増大したことである。民主党政権下の２０１１年時点では民間企業から中央省庁への常勤職員の出向は７９０人であった。これが、17年には１４１６人へと増える。ちなみに、農林水産省には47人が、大臣官房や各局に配置されている。派遣元企業には、商社、食品メーカー、大型店、保険業、銀行、コンサルタント、広告会社も入っており、政策立案と広報・

宣伝において大きな役割を果たしている。(7)従来の「天下り」に加え、「天上り」という太いパイプが作られ、官邸と経済界との癒着が、政策決定、執行過程まで及ぶようになる。

以上のような意思決定機構の再編と並行して、日本経団連等の財界が要望する政策が次々と決定されていく。(8)

第1に、規制改革会議では「岩盤規制」に「ドリル」で「風穴をあける」として国家戦略特区制度を提案した。その重点は、雇用（労働時間規制の緩和）、農業（農協・農業委員会制度改革、農地取引の企業開放）、医療（混合診療）であり、このうち農協・農業委員会制度・農地法「改正」については、2015年秋の「安保国会」で可決成立する。

第2に、産業競争力会議では、「日本再興戦略」を改訂し、多国籍企業の「稼ぐ力」（＝収益力）重視を前面にだす。そこでの重点は、雇用（女性、外国人労働力の活用）、福祉（公的年金資産での株式運用増）、医療（医療法人の持ち株会社制度）、農業（農林水産物輸出推進）、エネルギー（原発早期再稼働、再生可能エネ買い取り価格制度改定）であった。

2014年9月には、内閣改造で「地方創生担当大臣」が新設され、石破茂自民党幹事長が任命された際、日本経団連は歓迎のコメントを発表（9月3日「新内閣に望む」）する。そこでは、「地域の基幹産業である農業や観光の振興、防災・減災対策、国土強靭化、ＰＦＩやＰＰＰによる民間参加などにより地域経済を活性化する」と述べ、「ローカル市場」とりわけ農業や公共分野への参入欲求をあらわにした。

この財界サイドの要望を、自民党は2014年総選挙向けの「政権公約2014」に盛り込む。そこには、「地方創生を規制改革により実現し、新たな発展モデルを構築しようとする『やる気のある、志の高い地方自治体』を、国家戦略特区における『地方創生特区』として、早期に指定することにより、地域の新規産業・雇用を創出します」と明記されていた。

併せて、安倍内閣の下では、増田レポートを前提にして、人口減少社会に対応した新たな地方制度のあり方を審議するために第31次地方制度調査会が設置され、同会長には再び日本経団連副会長で道州制推進委員長が就任する。安倍首相は、第1次政権の際に実現できなかった道州制導入への地ならしとなる道州制推進基本法の制定を模索していたが、自民党内でもまとまらず、くすぶったままであった。そこで、「地方創生」によって地方分権改革と連携中枢都市圏の育成（後述）を図ることで市町村の再編をすすめ、道州制移行への迂回路を設けたといえる。先の「自民党政権公約２０１４」にある「道州制の導入に向けて、国民的合意を得ながら進めてまいります。導入までの間は、地方創生の視点に立ち、国、都道府県、市町村の役割分担を整理し、住民に一番身近な基礎自治体（市町村）の機能強化を図ります」という一文は、その点を表現するものである。

2　新たな国土形成計画の策定

もう一つの改革の柱が、国土形成計画の見直しである。国土交通省において、２０５０年に向けての新たな長期計画である『国土のグランドデザイン２０５０』の策定作業が進められていたが、その情勢認識に増田レポートの内容が採り入れられ、２０１４年7月に正式決定された。そこでは、状況認識として「増田レポート」をベースにした「地域存続の危機」と「巨大災害の切迫」が指摘され、それに対する基本戦略としてコンパクトな拠点とネットワークの構築等10項目をあげている。

この長期計画に基づいて、国土交通省は、２０１５年8月に新たな国土形成計画（全国計画）を策定し、これが閣議でも了解される。同計画の謳い文句として「本格的な人口減少社会に初めて正面から取り組む国土計画」が掲げられた。同計画の計画期間は２０１５年～２０２５年までの10年間であり、同計画では、〈２０２０年東京オリンピック・パラリンピック競技大会の前後にわたる「日本の命運を決する10年」〉と位置づけられている。

同計画で設定されている国土づくりの目標は、①安全で、豊かさを実感することのできる国、②経済成長を続ける活力ある国、③国際社会の中で存在感を発揮する国であり、人口減少や災害問題を指摘しながらも、経済成長を図ることを優先していることがわかる。

国土形成の基本戦略として据えられたのは、〈重層的かつ強靱な「コンパクト＋ネットワーク」〉であり、その内容として、「『コンパクト』にまとまり、『ネットワーク』でつながる」、「医療、福祉、商業等の機能をコンパクトに集約」、「交通、情報通信、エネルギーの充実したネットワークを形成」、「人口減少社会における適応策・緩和策を同時に推進」という項目が立てられている。

具体的には、日本列島の広がりにおいて、リニア新幹線建設を大前提に三大都市圏を結合した「スーパーメガリージョン」を形成すること、それ以外の地域では「コンパクト＋ネットワーク」によるコンパクトシティ、「連携中枢都市圏」を構築すること、さらに中山間地域では「小さな拠点」を整備することが盛り込まれる。また、「『選択と集中』の下での計画的な社会資本整備（安全安心インフラ、生活インフラ、成長インフラ）」も位置づけている。

一方、東京一極集中の是正策として、「東京一極滞留を解消し、ヒトの流れを変える必要」、「魅力ある地方の創生と東京の国際競争力向上が必要」という項目が立てられているが、その先にある国土像は、「『住み続けられる国土』と『稼げる国土』の両立」というものである。後者がグローバル都市として純化すべきとする東京圏であるが、このような文学的表現によって、同計画がいう「国土の均衡ある発展」が実現するとはとても考えられない。むしろ、これまでの新自由主義的な構造改革政策にもとづく「選択と集中」による格差の拡大と国土の荒廃が、いっそう進むことになるであろう。

最後に、この全国計画に基づいて、２０１５年度中に広域地方計画の策定がなされた。これに関連して、全国計画は、「地方の施策への反映」を強く求めている。広域地方計画の各自治体における地方創生総合戦略づくりへの反映を求めたものであり、依然としてトップダウン的な色彩が強いといわざるをえない。

3 「地方創生」政策の実施過程と矛盾

2014年の総選挙後、政府の地方創生総合戦略が決定された。その重点分野は、移住（移住希望者支援、企業移転促進、地方大学の活性化）、雇用（農業、観光、福祉）、子育て、行政の集約と拠点化（拠点都市の公共施設・サービスの集約、小さな拠点整備）、地域間の連携（拠点都市と近隣市町村の連携推進）であった。さらに、政府は、2060年の人口目標1億人、2050年代成長率1・5〜2・0%という数値目標を決定する。もっとも、そのような数値目標は地方自治体が動くことなしには実現しえない。そこで政府は、地方自治体の総合戦略と人口ビジョンの策定を実質義務化したのである。この結果、同年度内にほとんどの自治体が地方版総合戦略を策定したが、結果的にコンサルタント業者への丸投げがなされ、住民参加の戦略づくりがなされたところはごくわずかであった。

地方版総合戦略の策定にあたり、政府は、各自治体に、基本目標（数値、客観的指標）と目標達成のために講ずべき施策の明記を求めた。その数値目標がKPI（重要業績評価指標）であり、例えば、雇用創出、人口流入、結婚子育て等の目標の下に、「新規就農者数、観光入込客数、移住相談件数、進出企業数、若者就業率、小さな拠点数」をKPIとした。とくに農業分野では、輸出額、国産材供給量、都市との交流人口等をKPIにすることが例示された。これらのKPIの達成状況を政府が5年後に評価することによって交付金額を増減させる、あからさまな財政誘導の仕組みである。

このようなKPIの活用による財政誘導に加え、国家公務員・民間「専門家」の地方自治体への人的派遣、地域経済分析システム（ＲＥＳＡＳ）等でのビックデータ及びコンサルタントの活用、情報一元化によって、政府は地方自治体行政の把握を強化していく。

「地方創生」政策は、それ自体、重要な矛盾を孕んでいる。第1に、そもそも現状の地域経済の衰退は、野放図なグローバル化と構造改革政策に起因する。地域の再生と農業をはじめとする地域産業をいっそう破壊するＴＰＰ推進策とは根本的に矛盾する。農林漁業の再生なくして地域の再生はありえない。第2に、「少子化」・人口減少問題は、小泉構造改革以来の派遣労働者の拡大政策による青年の非正規雇用化と低賃金によって生じているところが大である。「増田レポート」をはじめとする政策文書では、人口減少要因の真摯な分析がなされていないという根本的な問題がある。第3に、東京に本社を置く大企業のほとんどが、地方への「本社機能」移転には否定的である。経団連の調査（２０１5年9月）によれば、将来的に本社機能を移転する可能性があると回答した企業比率は７・５％にすぎない。

「地方創生」で主として潤うのは、規制緩和やＰＰＰ、ＰＦＩで参入する大企業や多国籍企業であり、地元の中小企業や農家ではないといえる。その典型が、農村地域における「国家戦略特区」である。新潟市国家戦略特別区域計画の場合、ローソンが新潟市内の農家と連携し、農地法等の特例を活用した新たな農業生産法人を設立した上で、ローソン店舗で販売するコメの生産、加工を行うことが盛り込まれ、兵庫県養父市の計画では農地法第３条に掲げる権利の設定又は移転に係る農業委員会の事務の全部を養父市長に移したうえで、オリックス不動産などが、市内の農業者と連携し、農地法等の特例を活用した新たな農業生産法人を設立し、有機野菜等の生産・加工・販売等を行うとされている。(9) さらに２０１６年10月には、企業による農地取得の特例を、ナカバヤシ等に認めている。いずれも、農外の大企業による農業進出といえるが、新潟市の場合、産業競争力会議で農政改革を提唱した新浪剛史がトップを務めていたローソンが進出した点に留意しなければならない。

第4に、何よりも、これまでの構造改革や「選択と集中」による地方制度改革を通して、「住み続けることができない地域」が広がっている点である。自然災害が続発するなかで、仮に人口20万人以上の中心都市に行政投資や人口を集めた場合、国土面積の9割を占めている中小規模自治体に対する行政投資が減少し、災害リスクを高めることは明白である。

最後に、これまでの「地方分権」の流れに逆行する、政府による中央集権的な手法と地方自治介入がなされていることである。それは、長期的総合的に取り組むべき地域づくりについて短期的成果を求めることにも表れている。このような国によるトップダウン的な手法に対して、多くの地方自治体関係者から不満や不安の声があがるのは当然のことである。

第3節　農山漁村における地域再生の対抗軸

1　野放図なグローバル化、構造改革政策からの転換と小規模自治体

では、農山漁村をはじめとする地域再生のために、何が必要なのか。従来からの構造改革路線を引き継ぐ「グローバル国家」論に基づく政策は、地域経済を「破壊」するだけであり、逆に国民・住民の消費購買力を拡大し、生活向上に直結する改革こそ必要だといえる。

地域経済・社会を担っているのは、圧倒的多くの中小企業や農家、協同組合である。中小企業だけで全国の企業の99・7％、従業者の69・7％を占めている。これに農林漁家や地方自治体が加わる。地域経済・社会の土台をつくるこれらの経済主体の地域内再投資力を高める政策に転換することが、最も重要なことなのである。[10]

それを実践してきたのが、「小さくても輝く自治体フォーラム」運動に参加する基礎自治体の取り組みである。

同フォーラムは、半強制的な市町村合併に異議申し立てを行う全国の小規模自治体が集まり、２００３年2月に発足し、現在も活動を続けている。いずれも、憲法理念に則り地方自治の重要性を主張するとともに、住民自治を基にした福祉の向上をはかり、人口を維持し増やす地域づくりを実践してきた自治体である。

このフォーラム運動を通して、長野県栄村や阿智村、宮崎県綾町、徳島県上勝町、高知県馬路村などに代表される小規模自治体ほど、住民一人ひとりの命と暮らしに視点をおいたきめ細かな地域づくり、有機農業や森林エネルギーの活用、地球環境問題への取り組みが可能になることが明らかとなっている。いずれも、現場の声を基に自治体と住民、企業、農家、協同組合が共同して創造的かつ総合的な地域政策を積み上げてきた結果であり、「地方創生」のトップダウン的な政策手法とは正反対である。これらの小規模自治体の合計特殊出生率は東京都をはるかに超え、島根県海士町や綾町、福島県大玉村、北海道東川村などでは人口を増やしているのである(11)。

小規模自治体の優れた地域づくりを見ると、団体自治と住民自治が結合してはじめて、地域づくりがすすむことがわかる。まさに「小さいからこそ輝く」のであり、これが地方自治の原点であるといえる。とりわけ注目されるのは、これらの小規模自治体では、共通して社会教育活動が活発であり、住民が主権者として地域づくりに参加している点である。

このことは、広域自治体や大都市自治体での「都市内分権」、住民自治の基盤づくりにもつながる。新潟県上越市では、28の地域自治区・地域自治組織と公募公選制度による地域協議員の選定、地域自治区独自予算の形成という形で、先進的な都市内分権制度ときめ細かな地域政策を生み出している。また、新潟市でも、各区に区自治協議会が設置され市民が公募委員として参画できるうえ、区役所への産業行政権限の移譲も地域の産業的個性に対応してなされており、大都市内部での団体自治と住民自治との新たな結合や農業支援策の工夫が見られる。

ちなみに、上越市の地域自治区のうち旧上越市内に設置された地域自治組織の範囲は、ほかでもない昭和の合併の際の基礎単位となった「昭和旧村」であった。集落と「昭和旧村」を基本にした地域づくりこそ、最も重要であることを示唆している。

2　地域内経済循環、再生可能エネルギーへの注目

では、グローバル化や大災害の時代に、一人ひとりの住民が輝く地域を再生し、持続させるにはどうしたらいいのか。それを効果的にすすめるために、地域に一体として存在する農業、製造業、建設業、商業、金融業だけでなく、医療・福祉や環境・国土保全を担う民間企業、農林漁家、協同組合、自治体から構成される経済主体を相互に連携させて地域内経済循環を太くして、地域内再投資力を育成することが必要不可欠である。

これらの経済主体には、地域の就業者のほとんどが関係しているので、地域全体が再生していくことになる。足元の地域で生活しながら、経済主体としても活躍する中小企業や農林漁家の経営者・従業員やその家族は、単に経済的な側面での役割だけでなく、地域コミュニティの形成者、地域の文化活動の担い手、さらに地方自治体の主権者でもある。このような担い手が自覚的に存在することで、総体としての地域は持続する。

とりわけ自治体による具体的な政策手段として注目されているのは、中小企業（地域経済）振興基本条例と公契約条例である。前者は、中小企業・小規模事業者と地域づくりを一体的に把握し、自治体の責務だけではなく、中小企業・小規模事業者、大企業、大学、住民の役割を定めるものであり、近年は、それらの主体のなかに農林漁家や協同組合を含め、地域経済循環、農商工連携、防災を目的に入れる自治体が増えている。公契約条例は、自治体の調達制度を活用し、地域の最低賃金・原価の底上げと地域経済振興を図るものである。

さらに、地域内経済循環、再生可能エネルギーを積極的に推進する自治体も増えている。岩手県紫波町や滋賀県湖南市では、条例を定めて、自然エネルギーと地域内経済循環を基本に生活・福祉・景観・環境政策を結合

し、所得の域内循環と経営維持、地域社会、景観形成、環境保全の相互連関を図ろうとしている。また、年金を出発点にした資金循環と仕事おこし、福祉の連関性を追求する取り組みも各地でなされている。

資金・所得の循環、物質・エネルギー循環、人と自然との循環から構成される地域内経済循環が形成されることで、一人ひとりの住民の生活の維持・向上を図ることができるといえる。これは、東日本大震災被災地においても実践され、福島県では、二本松市復興支援事業協同組合が設立され、市の除染事業や復興事業を「地域経済循環」の視点から受注する取り組みを行っている。また、農民組合による再生エネルギー事業への参入も広がっている(11)。

これらの動きは、自治体と地域の経済主体の連携による産業自治、エネルギー自治の発展といえよう。

おわりに

大災害とグローバル化の時代において「人間の生活領域」としての地域の持続性と「資本の経済活動の領域」としての地域との相克が深まっている。

そのなかで、住民の基本的人権と幸福追求権を最優先にした地域づくりが、地方自治体と地域の企業、農家、協同組合、NPOが連携した形で、小規模自治体から広がっていることが確認できる。とりわけ、農業、エネルギー、農村をめぐる価値転換と新たな政策方向・手段が地域から生まれ、拡大していることが注目されよう。

地域経済の再生・維持のためには個別地域での地域内再投資力の形成とともに大都市の農山村との連携、それらを支える地域住民主権の確立が必要不可欠になっているといえる。

注

（1）岡田知弘『日本資本主義と農村開発』法律文化社、１９８９年。

（2）詳しくは、岡田知弘他『国際化時代の地域経済学』第4版、有斐閣、２０１６年、Ⅱ章を参照。

（3）大野晃『山村環境社会学序説――現代山村の限界集落化と流域共同管理』農山漁村文化協会、２００５年。

（4）増田寛也編『地方消滅』中公新書、２０１４年。

（5）岡田知弘・岩佐和幸編『入門　現代日本の経済政策』法律文化社、２０１６年、第3章。

（6）田代洋一『官邸農政の矛盾――ＴＰＰ・農協・基本計画』筑波書房、２０１５年。

（7）内閣官房「民間から国への職員の受入れ状況」２０１７年10月1日。

（8）詳しくは、岡田知弘『「自治体消滅」論を超えて』自治体研究社、２０１４年、岡田知弘他『地方消滅論・地方創生政策を問う』自治体研究社、２０１５年を参照。

（9）首相官邸・国家戦略特区ホームページ、http://www.kantei.go.jp/jp/singi/tiiki/kokusentoc/による（２０１８年5月20日アクセス）。

（10）岡田知弘「グローバル化と地域経済の変貌――『地方創生』政策で深まる矛盾」『経済』２０１６年11月号、参照。

（11）全国小さくても輝く自治体フォーラムの会編『小さな自治体　輝く自治』自治体研究社、２０１４年。

（12）岡田知弘他『震災復興と自治体』自治体研究社、２０１３年、参照。

第8章

農地・森林における所有者不明土地問題の顕在化と対策

飯國芳明

第1節　はじめに

近年、所有者不明土地問題と呼ばれる問題が盛んに報道されるようになっている。この背景には、地方都市の一戸建住宅が空き家になり、その所有者がわからなくなるという事態が頻発するようになったことがあげられる。周辺の住宅はその対処に困り、問題がクローズアップされたのである。

しかし、土地の所有者が不明になるという問題は近年になって突然に現れた問題ではない。日本の中山間地域では1990年代初頭から所有者不明土地問題の兆候が観察されてきた。それは、当初、森林を中心に土地の境界がわからなくなったり、土地所有権者の地域外流出が増加する形（不在村問題）で現れた。中山間地域を支えてきた昭和一桁生まれ世代の人口の急速な減少が始まると、域内外の人的なネットワークは切れ切れになり、土地所有者との連絡が格段にむずかしくなる。土地所有者を探す際の頼みの綱となる登記簿は土地収益の低さから遅々として進んでおらず実態を反映しないものになりつつある。このため、所有者不明土地問題は中山間地域でいち早くしかも広範に拡大してきた。言い換えれば、この問題は中山間地域に端を発し、その後、里へと下ってきたのである。

この問題への行政の対応は必ずしも迅速といえるものではなかった。しかし、2015年以降から各省庁による研究会や検討会が相次いで立ち上がり、集中的な議論が始まっている。そうした例としては、「所有者の所在の把握が難しい土地への対応方策に関する検討会」(国土交通省、2015年度)、「国土審議会土地政策分科会特別部会」(国土交通省、2017年度〜)、「所有者不明土地問題研究会」(国土計画協会、2017年度)、「登記制度・土地所有権の在り方等に関する研究会」(金融財政事情研究会、2017年度〜)などがある。また、これに関する著書や論文も相次いで公表されている。なかでも、吉原祥子(2017)『人口減少時代の土地問題』は社会に大きなインパクトを与えた。また、土地総合問題研究所の機関紙『土地総合研究』では、2017年春と2018年夏号で所有者不明土地問題を特集し、法学の立場から包括的な議論が展開されている。

一連の検討の中で、所有者不明土地問題の全国的な実態が解明されるとともに、制度的な対応も進んできている。本章の第1の課題はこうした分析に基づきながら、農地や森林を中心に所有者不明という新しい土地問題の現段階を整理することにある。二つめの課題は、なぜ所有者不明土地問題が発生したか、その原因の検討である。所有者不明土地問題の発現は、経済発展が進む中では必然的な帰結と映るかもしれない。しかし、経済発展が大きく先行した西ヨーロッパ諸国のいわゆる条件不利地域で、所有者不明問題がこれほど深刻化し、その対策が急がれたという話は聞かない。日本に続いて、急速な経済発展を遂げてきた東・東南アジア諸国でも同様である。そこで、日本でこれほどまでに問題が顕在化する原因についても合わせて検討することとした。最後に、近年になって急速に導入されている農地や森林における所有者不明農地・森林への対策を整理して、対策の特徴と課題を整理する。

第2節　所有者不明土地問題の現段階

1　中山間地域の事例分析

所有者不明土地問題をその起源である中山間地域で捉えると相当に深刻な状況が浮かび上がってくる。筆者らは、２０１３年に高知県大豊町の一集落で所有者の状況を調査した（山本他、２０１４）。この町は大野晃が限界集落の概念を創り出したフィールドの一つであり、早くから人口の減少や少子化が進行してきた。調査対象集落の人口は調査当時１２２名、高齢化率は61％であり町内の平均よりいずれの数値もやや高めの水準にあった。しかし、高齢化率は高いものの、共同作業は維持されており、いわゆる限界集落には当てはまらない。

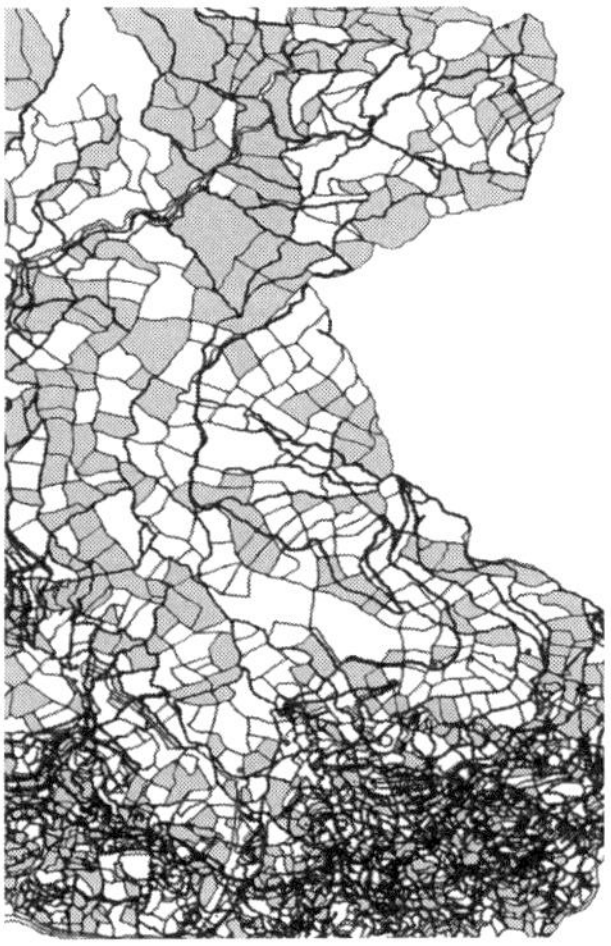

図 8-1　相続未登記の土地の分布

注）山本他（2013）より転載

調査では、この集落のすべての土地（筆）について、その所有者が最新の地籍情報と一致しているかどうかを点検した。点検は、所有者の現況を把握するために地域の状況に詳しい数名の住民の方に地籍簿に記載されている所有者の現況を確認する方法で進めた。調査の結果、地籍簿に記載されている所有者の実に53％はすでに死亡していることが判明した。相続未登記の土地は半数を超える水準に達していたのである。図8－1は、相続登記がなされているかどうかを筆毎に塗分けたものである。この図から、相続未登記の土地の面積比率の高さとその分布が新しい利用をむずかしくする形で分散している様子を確認できる。

所有者不明土地問題研究会は所有者不明土地を「所有者台帳（不動産登記簿等）により、所有者が直ちに判明しない、又は判明しても所有者に連絡がつかない土地」と定義している。これに従えば、上の結果は、中山間地域では所有者不明土地問題がすでに広範囲に展開している可能性を示唆するものといえる（所有者不明土地問題研究会、２０１７）。

２　全国的な調査の結果

全国的な調査は上に述べた研究会等で２０１６年度から本格化し、国土交通省、所有者不明土地問題研究会、農水省等による調査が実施されている。

このうち、国土交通省の調査は２０１６年に実施された地籍調査の１１３０地区（約62万筆）を対象としている。同年の登記簿上の土地名義人への連絡が本人に到達するかどうかを確認の上、到達していない場合には戸籍・住民票等により所有者を追跡した（国土交通省、２０１７）。図８－２はその調査結果である。ここで、「登記簿のみでは所在不明」とは登記簿情報で所有者が特定できなかったことを示し、「最終的に所在不明の比率」とは追跡調査によっても特定できなかったことを示している。所有者不明土地は全体の約２割を占めており、林地では不明の比率が最も高く25％を越えている。これに対して、農地は全体の比率を下回っているものの、それでも17％の水準にある。

しかし、自治体が追跡調査を行った後もなお所在不明とされる比率は1％未満に過ぎない。追跡費用などを無視すれば、自治体のもつ情報とネットワークを用いれば99％以上の確率で所有者を特定できることがわかる。

農地については、農水省が農業委員会を通じて2016年に「相続未登記農地等の実態調査」を実施している（農水省、2016）。それによれば、相続未登記の農地は47・7万《ヘクタール》、相続未登記のおそれがある農地は45・8万《ヘクタール》とされる。合計すると93・4万《ヘクタール》になり、農地全体の20・8％を占めるという。また、このうち5・4万《ヘクタール》は遊休農地(1)になっている。都道府県別にみると、相続未登記の農地が農地の3割を超える可能性のある都道府県は、岡山県（39％）、高知県（36％）、山口県（34％）、鹿児島県（33％）、長崎県（31％）、愛媛県（30％）、大分県（30％）であり、中四国及び九州に集中している。

3　所有者不明土地が引き起こす問題

相続が未登記でも、相続権者と利用者との間に合意があれば、その土地の利用に関しては特段の問題は生じない。

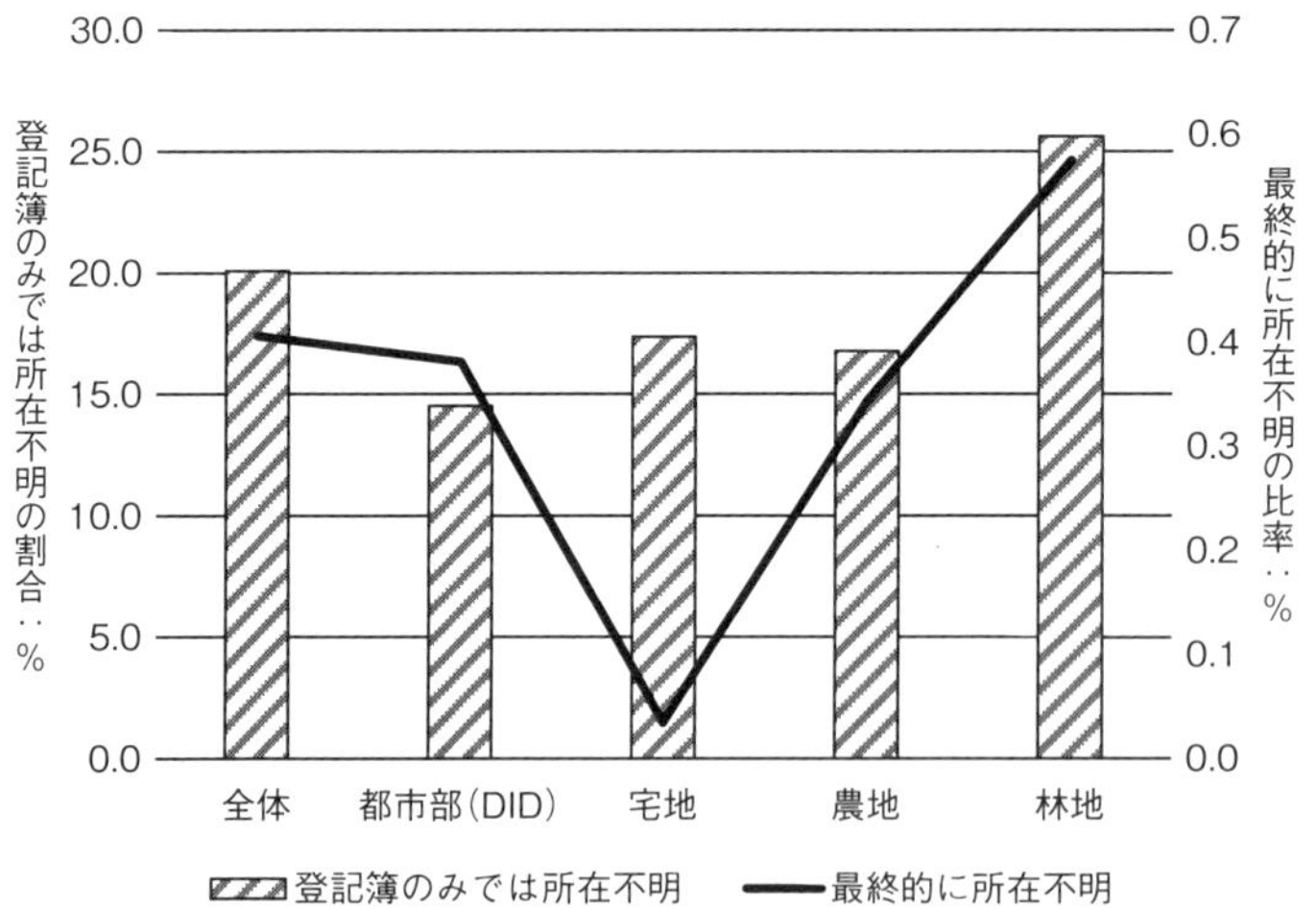

図 8-2　地籍調査における土地所有者等に関する調査結果

両者の間に信頼関係があり、利用者がその権利を認めてもらえるのであれば、土地利用をめぐるトラブルは起きない。

しかし、戦後に生じた農村から都市への人口移動はこうした信頼関係の維持を難しくしている。相続権者の一部が集落から遠く離れたところに居住し、相互の連絡が疎になると、相続権者内での権利調整さえも容易に進まなくなる。また、農業や林業技術の進歩は、機械化や装置化を通じて経営の最小最適規模を従来の家族所有を越える規模に引き上げている。こうなると、そもそも家族や集落内にある信頼のネットワークで対応しきれない広い範囲での権利調整が必要になる。

この問題は林業で典型的に表出している。林業センサス（２０１５）によれば、83万戸の林家のうち62万戸（74％）の保有山林面積は5㌶未満である。これに対して、間伐や主伐といった施業を行うには、一般に30㌶以上、可能であれば２００㌶程度の団地が必要とされている。しかも、林家が保有する林地は分散しており、通常は数筆に分割されている。分散錯林とでもいうべき状況である。したがって、30㌶の団地を作る際には、平均でも6戸、通常はそれを大きく上回る所有者からの同意が必要となる。しかし、他方では、人口の集落外流出によって信頼のネットワークは縮小を続け、登記簿の情報では所有者が見いだせない状況が急増している。

農地についても、問題の基本的な構造は同じである。全国農業会議所が２００６年に全国１８８４の農業委員会に行った調査結果によると、農業経営基盤強化促進法に基づく農用地の利用権の設定に際して「不在村農地所有者に住所等が不明で連絡をとることができなかった」とする委員会が51％、「相続登記がされていないため権利関係者の数が多くて同意を集められなかった」とする委員会が54％あった（全国農業会議所、２００７）。

この調査の後には、農地法の制度改正（２００９年、２０１３年、２０１８年）などで所有者不明の農地に対する対策が強化されている。しかし、相続未登記農地の活用は十分には進んでいない。すでに述べたように相続未登記農地のうち2016年の遊休農地面積は5・4万㌶であり、同年の遊休農地面積10・4万㌶の52％は相続未登記農地によって占められている（農水省、2018）。

第3節　日本で所有者不明土地問題が顕在化する原因

1　人口動態を捉える3つの人口論

所有者不明土地問題を経済学の視点で捉えると、その原因は土地の所有権者がこれを利用・管理するインセンティブを持たないことにある。利用・管理のインセンティブがないからこそ、その土地の正当な権利者が自分であることを第三者に知らせる仕組み（登記制度）の利用が進まず所有者が不明となるのである。

このインセンティブの大小は土地の価値に大きく規定され、その価値はそれを利用する人の数（地域の人口）や経済状況に左右される。したがって、人口と経済の動向が重要になる。人口論はこの両者を射程に置く議論であり、この問題を整理するのに適した分析枠組み与えてくれる。そこで、以下では日本で所有者不明土地問題が顕在化した理由を人口論の手法を援用しながら検討を進める。

人口の動態を整理する手法としては人口転換論がよく知られている。この議論は人口論ではいわば古典としての位置づけを持っている。ここでは、これに1990年代から構築が始まった人口ボーナス論、人口オーナス論を加えて分析の枠組みとする。分析に入る前にこれらの人口論を要約しておきたい。

まず、人口転換論を一言でまとめるなら、多産多死から少産少死へと移る過程を定式化した人口学の古典的なモデルといえる。この議論は第二次世界大戦前後に途上国の人口が爆発して世界の資源を枯渇させるのではないかという懸念から生まれた。説明には図3－7で示されるタイプの人口推移図がしばしば用いられてきた。

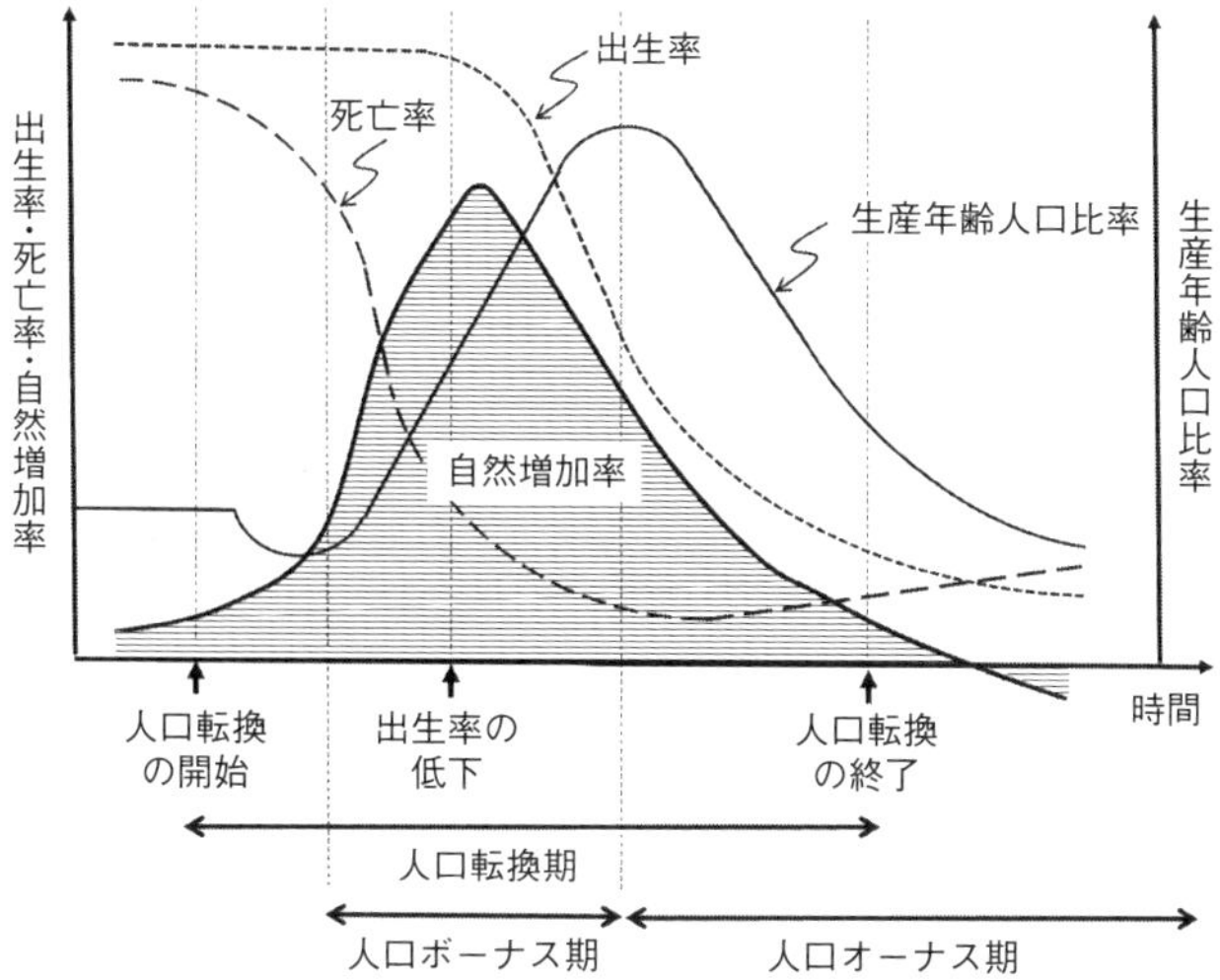

図 8-3　人口転換期、人口ボーナス期および人口オーナス期

出所）Chesnais（1992）および Bloom et al（1998）を参考に筆者作成。

近代化が始まる前の社会では、出生率、死亡率とも高い水準にあった（図8－3の左端の状況）。多産多死の社会である。近代化が始まるとまず死亡率が低下する。死亡率が低下する要因には、医療の発達や公衆衛生の普及および生活や栄養水準の向上などがある。この段階では死亡率だけが先行して低下するため、人口の自然増加率（出生率－死亡率）は急速に増加する。

続く局面は、出生率の低下によって始まる。死亡率の低下によって家族や社会の維持のために高い出生率を維持する必要がなくなると、やがて出生率は低下する。避妊が普及し、都市化や個人主義が広まるにつれて農村で形成された伝統的な避妊へのタブーから解放される過程でもある。出生率が低下してその減少率が死亡率のそれと同じ水準になると人口の自然増加率はピークを迎える。その後は出生率の低下が死亡率のそれを上回り、自然増加率は低下する。出生率と死亡率の差が人口転換の開始時と同じ水準に達すると、人口転換は終わる。人口転換論では、この転換期に人口が劇的に増大し、世界は資源の争奪で不安定になると予測された。

人口ボーナス論は戦後の東アジアの驚異的な経済発展を説明するために生まれた。この議論は人口転換論の上に展開されている。再び図8－3をご覧いただきたい。自然増加率がピークを過ぎ、人口増加が減速する局面では、死亡率がボトムに近づく一方で、出生率は急速に低下している。このとき、人口ボーナスの種が生まれる。すなわち、出生率が急減する前に生まれた年代が生産年齢に達する頃には、出生率が大きく低下しており、子供の数が激減する。このため、扶養すべき子供の数は減り、他方で生産に従事できる人口（生産年齢人口［15歳以上で65歳未満の人口］）が増大する。図8－3で言えば、生産年齢人口比率が上昇し、大量の労働を市場に投入できる状況が発生する。D・ブルームらはこの労働力の増大こそが東アジアの経済成長を支えたことを実証した（Bloom et al. 1998）。

人口オーナス論は人口ボーナス論を引き継ぐ議論である。もっぱら、日本を中心とする東アジアで盛んに議論されてきた。オーナスとは重荷を意味する。人口ボーナスの時期に増大した生産年齢人口が高齢化するとともに、出生率の低下が生産年齢人口比率を低下させ、社会福祉負担の増大と経済成長の停滞をもたらす。これがオーナス（重荷）の中身である。

なお、ここではブルームらに従って、生産年齢人口比率が上昇する局面を人口ボーナス期とする。したがって、その低下局面が人口オーナス期である。

2　キャッチアップ型経済が生み出した所有者不明土地問題

言うまでもなく、上に述べた三つの人口論は地域を問わない一般論である。日本で所有者不明土地問題が顕在化した理由を探るには、その特殊性を明らかにする必要がある。そこで、生産年齢人口比率に着目して、イギリ

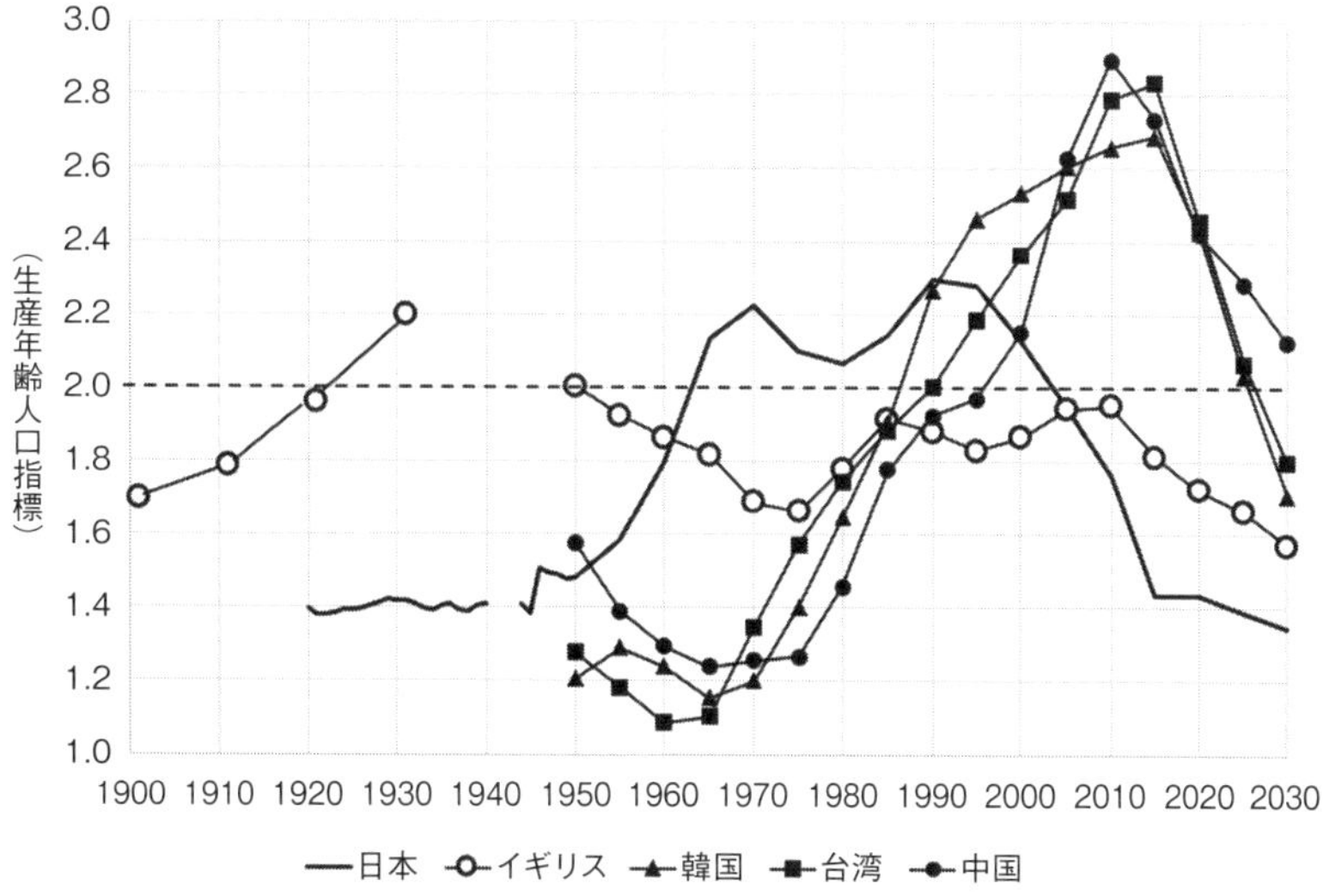

図 8-4　生産年齢人口指標の推移

出所）1950 年までのイギリスと日本のデータは、フローラおよび総務省統計局「日本の長期統計系列」による。それ以降のデータは、United Nations（2015）による。

ス、日本そして東アジアの3カ国の人口動態の違いを検証した。図8－4がそれである。この図にある生産年齢人口指標とは、依存人口（14歳以下人口＋65歳以上人口）に対する生産年齢人口の比率である。この指標と図8－3でみた生産年齢人口比率の変化は同じ動きをしており、人口ボーナスとオーナスの転換時点を判断できる。また、この指標は一人の依存人口について何人の生産年齢人口がいるか、すなわち、何人の人が一人の子供や高齢者を支えるかを示しており、解釈もしやすい。

日本では戦後5年間に生まれた団塊世代が人口ボーナスを生み出す母体となったことはよく知られている。そのジュニア世代と合わせた二つの世代は、生産年齢人口指数を押し上げ、指数が2以上（1人の依存人口に対して生産労働人口が2人以上）の状態を40年も継続させた。これに対して、イギリスの場合、出生率や死亡率の動態から見る限り、第二次世界大戦前に人口ボーナス期を迎えている可能性が高い。それは大戦間にあり、しかも、指数が2を超えて本格的な人口ボーナスが発現する期間はたかだか20年余りである。

日本の人口ボーナスはイギリスのそれより明らかに規模が大きく、長期にわたって発現している。両者を分けているものはおそらく経済発展の経路であろう。イギリスの場合、産業革命以来、自ら技術を開発しながら時間をかけて経済を発展させてきた経緯がある。しかし、日本の場合、欧米の技術を移転する形で経済発展を遂げてきた。いわゆるキャッチアップ型の経済発展である。このタイプの経済発展では短期間で急激な発展が可能となる。急速な発展は、短期間に医療技術や価値観の変化を促して、高い水準の出生率を一気に低下させる。これによって、大きな人口ボーナスが生まれたのである。

キャッチアップ型の経済は、また、都市と農村間の不均等な経済発展を生みやすい。キャッチアップのための技術移転は工業では容易に進むものの、第一次産業ではむずかしい。これは、自然条件に加えて、土地や水資源に関わる制度が国によって異なるからである。移転された技術による都市の発展が農村のそれを上回れば、人口は都市に吸収され、農村では人口減少と経済の停滞に悩まされる。欧州でも都市への人口移動は発生している。しかし、その発展経路ゆえに、日本の人口移動は欧州をはるかに上回るペースで進み、農村の土地の価値を大きく引き下げてきた。やがて、経済成長期に地域に残った人口（多くは昭和一桁生まれ世代）が他界するようになると、所有者不明土地問題は相続未登記の形をとって広い範囲で発生することになる。

また、大きな人口ボーナスはその裏返しとして大きな人口オーナスを生む。１９９５年頃に人口オーナス期に入った日本では大きな人口ボーナスの代償として少子高齢化と経済の衰退が進む。地方都市ではこの傾向が顕著で、所有者不明土地問題は中山間地域に留まらない全国的な問題となった。

以上のように日本のキャッチアップ型の経済発展は人口転換の中で大きな人口ボーナスを生み出した都市集積とともに日本の所有者不明土地問題を作り出してきたと考えることができる。

3　所有者不明問題が発現しにくい東・東南アジア諸国

それでは、アジア諸国で所有者不明土地問題の現状はどのようになっているのだろうか。図8－4にみるように台湾、韓国そして中国では日本を上回る水準の人口ボーナスが発生している。いずれの国でも、生産年齢人口指数は3に迫る勢いであり、指数の増加も著しい。所有者不明土地問題の予兆は、いずれの国で観察されてもおかしくはない。しかし、筆者らのフィールド調査（台湾・韓国）では、所有者不明土地問題は今後も起こりえないという意見が大半を占めた。

否定的な意見の背景には、もちろん人口オーナスへの転換時期の違いがある。日本は1995年頃に人口ボーナスから人口オーナスへの転換点を迎えている。これに対して、調査対象国の中でこの転換時期が早い台湾や韓国においても、その転換時期は2015年頃である。所有者不明土地問題を実感するには早すぎるかもしれない。

しかし、東・東南アジア各国の調査からは、転換時期の相違以外にも問題を抑制するさまざまな要因が確認された。『土地所有権の空洞化』（飯國他、2018）を執筆した共同研究者との研究成果を基にまとめれば次のようになる。

第1の要因は遠隔地に居住する少数民族の存在である。これは台湾で観察された。台湾の山間地の住民の多くは、漢民族が定住する前から居住してきた原住民である。台湾では、原住民と漢民族の統合が必ずしも十分に進んでいないことから、都市部の労働市場への原住民の参入は制限されたままである。多くの原住民は青年期に都市部でいったんは労働者となった後、出身地に還流する傾向が強い。このため、中山間地での人口維持が可能になっている。

第2の要因は、土地への意識の違いである。韓国のフィールド調査での高齢者へのヒアリングでは、自分が利用しなくなった土地は売るか貸すという回答が数多く聞かれた。これは日本の農村でみられる土地は家の財産（家財）であるといった意識からは考えにくい行動である。土地継承へのこだわりの少ない韓国文化は土地取引の流動性を生み、土地の価値を下げにくくしている。

第3の要因は、逆都市化と呼ばれる人口の動きである。これも韓国で観察された。2010年の都市から農村への人口移動は93万人であるのに対し、農村から都市への移動は83万人であった。農村地域への純流入は10万人に達しており、逆都市化により農村人口の減少に歯止めがかかりつつある。この傾向は現在も続いている。

第4の要因は、海外労働力の受け入れである。これはマレーシアのボルネオ島サラワク州で観察された。サラワク州では、木材の伐採作業が盛んな時期から、多数のインドネシア人が合法・非合法滞在者の形で雇用されてきた。経済発展が進んでいるにもかかわらず、この外国人労働力によって森林伐採やアブラヤシプランテーションが維持され、土地の価値は下がっていない。

最後の要因はフィリピンで観察された。人口構成からみればすでに人口ボーナス期にありながら、フィリピンの経済は加速せず停滞している。地方の人口も地方で循環と滞留を繰り返しており、土地の価値が低下する兆候はみられない。

第4節　農地・森林の所有者不明土地問題への新たな対策

1　農地における対策

日本に固有とは言わないにせよ日本で極めて先鋭に発現している所有者不明土地問題に対処するため、近年ではさまざまな制度改革が行われている。所有者不明土地問題は土地一般に関わっており、制度改革は農林業に限られるわけではない。実際、2014年には「空家等対策の推進に関する特別措置法」、2018年には「所有者不明土地の利用の円滑化等に関する特別措置法」が導入された。これに関連して、土地基本法への所有者責務等の導入や土地の相続登記に対する免税措置を射程に入れた税制改革などが引き続き検討されている。

農地や森林においては、その問題が先行していただけに制度改革も早くから実施されてきた。このうち、農地では、耕作放棄地対策の一環として所有者不在や不明を含めて管理がなされなくなった農地への対策が講じられている。(2) この対策のひな型ともいえる農用地利用増進法（1989年改正）では、まず、正当な理由のない耕作放棄については農業委員会が指導し、改善がみられないときは市町村長が勧告を行う仕組みが導入された。それでも改善しないときは、農地保有合理化法人による買い入れなどの協議を経て、他の農家へ売却するなどの措置が定められた。このように主体を変えながら段階的な措置をとる体系は、その後の農業経営基盤強化法、農地法へと受け継がれていく。

しかし、これまで実施された措置は最初の段階（指導）に留まり、勧告以上の段階には進むものはなかった。指導を越えた措置が取られたのは、耕作放棄対策の制度が2009年に農地法へ移されてからである。この農地法では農業委員会による農地利用の調査の後に、遊休農地の所有者に対する指導、遊休農地である旨の通知、必要な措置の勧告、農地保有合理化法人等との売却又は賃貸の協議の通知が続く。これでも解決しないときは、農地保有合理化法人等が知事に調停を申請して、知事が調停と受諾勧告し、最終的には特定利用権設定の裁定に至る仕組みとなっている。2009年の改正農地法に特徴的な点は、それまで市町村が行っていた通知から農地保有合理化法人等との協議の通知までを一貫して農業委員会が実施することになったこと、および、対象農地が市町村の指定する「要活用農地」からすべての農地に拡大されたことの2点である。これが契機になって指導を越えて通知や勧告が実施されるようになったとされる。このほか、この農地法には所有者が確知（判明）しない場合に、農業委員会がこれを公告し、農地保有合理化法人等がその利用を知事に申請できる規定が加わっている。また、農地所有者にはその「農業上の適正かつ効率的な利用」を責務とする条文も追加された。

続く2013年の改正農地法では、農地中間管理機構法が制定されたのに連動して、遊休農地の利用権の申請や取得を行う主体を農地中間管理機構等と定めている。また、遊休農地の所有者が確知できない場合（所有者不明の場合）には、農業委員会がこれを公示し、所有者から申し出がない場合には農地中間管理機構にこれを通知し、同機構は知事にその土地の利用権の設定の裁定を申請を行えるようになった。

さらに、2018年には農地法と農業経営基盤強化促進法が改正された。前者では農業委員会が行う遊休農地の所有者の探索過程を政令で明確化し、その手続きを一定の範囲に収めて、処理時間の短縮を図ることとしている。また、後者では共有されている農地の利用権を設定する際に、過半数の共有者が判明していなくても、農業委員会の探索・公示手続きを経て、不明な所有者の同意を得たとみなすことができるようになった。したがって、共有者が不明な農地でも相続人の一人（固定資産税等を負担している者など）が農地を農地中間管理機構に貸し付けできるようになった。

2　森林における対策

森林については、団地化の促進や林道の敷設に際して、所有者不明森林がしばしば問題になってきた。これに対処すべく、規則改正も繰り返されてきた。また、農地でいう遊休農地対策に相当する措置は森林法の森林法第10条で定める要間伐森林の対策において早くから整備されてきた。しかし、この条項も実際に適用されるケースはほとんどなく、間伐の遅れや所有者不明森林問題を十分に解決できるまでには至っていない。そこで、

２０１８年に大胆な制度が導入された。森林経営管理法による林業システムがそれである。

このシステムは、経営管理が行われていない森林について、市町村が仲介役となって森林所有者と森林経営者をつなぐことを目的とする。これによって、林業経営の集積・集約化が遅れている私有人工林の整備を進めることが意図されている。森林経営管理システムの下では、まず、市町村が地域の森林の実情を調べて、整備が遅れている森林のうち所有者情報が一定程度揃っている区域を特定する。次に、その地区の意向調査を実施し、森林所有者の意向を踏まえた上で、その森林に市町村が経営管理権集積計画を定めて、立木の伐採などを第三者が行うことができる経営管理権を設定する。続いて、市町村は対象となる森林を林業経営に適した森林と適さない森林に峻別する。前者のうち所有者自らが管理できない場合には、都道府県がこれを公表し、「意欲と能力のある林業経営者」にこれら林地の経営管理権を実施する権利（経営管理実施権）を林業経営者に配分する。後者、すなわち、林業経営に適さない森林については市町村による間伐などの管理が予定されている。

この過程でまず問題となるのは、最初のステップである。森林所有者の意向をうけて経営管理集積計画の立案することになっている。しかし、すでにみてきたように所有者不明の森林は少なくない。この場合には所有者の意向を確認するすべがない。そこで、このシステムでは所有者不明や森林を共有している所有者が確知（判明）しない場合には特例措置を設けている。すなわち、市町村は所有者を探索してもなお判明しないときには、所有者が判明しないこと及び市町村がその森林に経営管理権を設定することなどを公告する。その後６か月以内に異議がなければ市町村は知事の裁定を経て、経営管理集積計画を公告し、不明所有者の同意を得たとみなす規則である。また、このシステムでは所有者には経営管理責務を課し、適時の伐採・造林・保育の実施を義務づけている。

このほか、２０１６年の森林法改正によって導入が決まった林地台帳の利用や２０２４年以降の課税が予定されている森林環境税の一部を森林経営管理システムの基金とすることなども予定されている。なお、森林環境税は、このシステムの成立を踏まえて、その財源の確保のために導入が決まったとされる（林野庁、２０１８）。

第5節　新しい制度の特徴と課題

農地や森林の新しい制度では所有者不明農地・森林の利用を促す措置が数多く導入されている。これらは、農業経営強化基盤法の要活用農地や森林法の要間伐森林の利用を促す従来の措置と類似した性格を持っており、農地や森林の利用を強制する裁定に至る段階的な規則を備えている点で共通している。しかし、２０１３年、２０１８年に改正された農地法や２０１８年に成立した森林経営管理法などの新しい制度には、従来の規則とは大きく異なる点がある。

その第1は、所有者不明農地・森林の対策が前面に打ち出されている点である。２０１３年改正の農地法では、所有者等が確知できない場合の対処が新しい手続きの系列で用意されている。また、森林経営管理法では所有者不明森林の所有者を市町村が探索した後に知事が経営管理権の設定を裁定する系列などが用意された。

第2は、処理の迅速化を促すルールの導入である。所有者不明者農地・森林の利用を促すために、担当機関が所有者を探索した後に公示・公告をした上で異議がなければ利用に同意したとみなして、利用を進める手順が採用されている。この手続きは通常の遊休農地の利用や要間伐森林の施業を行うための手続きと比較すると段階が少なく、簡素化されている。しかし、問題は探索が迅速にできるかどうかである。探索に多大の時間を要すれば、段階が少なくても手続きは滞る。そこで、新しい制度では農業委員会や市町村が不明所有者を探索する際の範囲を限定する措置が予定されている（２０１８年改正農地法・森林経営管理法施行令案）。

第3は、農地法の下で裁定を通じた利用権の設定が実施されたことである。2017年5月に静岡県と青森県において所有者不明の農地に対して知事が農地中間管理機構に当該遊休農地の利用権を設定すべき旨の裁定を行い、同機構は利用権を取得した。それまで農業委員会などによる指導や勧告は行われていても、裁定を通じて強制的な利用に至るケースはなかった。こうした事例が今後すぐに増加するとは思われていない。しかし、裁定に踏み込んだ画期的な出来事となったことは間違いない。

第4は、所有者の責務規定の導入である。2009年の改正農地法および森林経営管理法では「適正かつ効率的な利用」や「適宜に伐採・造林及び保育の実施すること」が農地や森林所有者の責務とされた。これにより、所有者が果たすべき土地管理の内容が示されたことで、不明所有者が責務を放棄している実態が鮮明となった。このことは所有者不明農地・森林を迅速に処理するための根拠になったと考えられる。

第5は、対象となる農地や森林を経済的に利用できるものとそうでないものに分ける仕組みが組み入れられている点である。例えば、農水省は耕作放棄地を対象に2008年から農業委員会を通じた荒廃農地調査を実施している。この調査では、耕作放棄地を再生が可能な土地とそうでない土地に分類し、後者を農地指定から外して非農地化するかどうかを判断する。また、森林経営管理システムでは、経営管理権集積計画の対象森林を林業経営に適した森林とそうでない森林に分類する。こうした農地や森林の分類は所有者の責務を考えるときに重要である。経済活動に適していない農地や森林を除外して、初めて真に所有者の責務を問うことができるからである。

以上が所有者不明農地・森林問題に関わる近年の制度変更の特徴である。新しい制度は所有者の責任を梃にしてこれまでより迅速な手続きが遂行できる仕組みを提供しており、その実効性はこれまでより引き上げられるに違いない。しかし、その一方で第五の特徴でみた仕分けによって、今後産業利用に供せないと判断された農地や森林が大量に出現する可能性がある。[3]新しい制度は利用を促すことに力点が置かれているため、こうしたいわば排除された資源への配慮は乏しい。また、産業ごとの発想で土地の利用可能性を判断しているため、新しい利用を受け入れたり、資源を共有するという発想も抜け落ちやすい。

このままでは農業や林業の行政がそれぞれに利用しやすい土地をつまみ食いする構造に陥る危険性は小さくない。それを防ぐためには、地域全体を面として捉える視点とその受け皿づくりが必要となろう。

注

（1） 農地法第32条第1号の第1、2号に相当する農地をさす。
（2） 以下の制度の変遷については、原田純孝（２０１８）および緒方賢一（２０１８）を参考にした。
（3） 緒方賢一は非農地の判断により、農地が法の範囲から農地が消えることから、これを「見えない化」と呼んでいる（緒方、２０１８）。

引用・参考文献

飯國芳明・程 明修・金 泰坤・松本充郎編著『土地所有権の空洞化――東アジアからの人口論的展望』ナカニシヤ出版、２０１８年。

緒方賢一「土地所有権の空洞化現象としての耕作放棄」飯國他編著『前掲書』、２０１８年、82頁―１０１頁。

国土交通省「H28年度地籍調査における土地所有者等に関する調査」２０１７年、http://www.mlit.go.jp/common/001207188.pdf（２０１８年9月15日閲覧）。

所有者不明土地問題研究会「最終報告概要～眠れる土地を使える土地に『土地活用革命』～」２０１７年、（https://www.cas.go.jp/jp/seisaku/shoyushafumei/dai1/siryou1-2.pdf ２０１８年9月15日閲覧）。

全国農業会議所（２００７）「不在村農地所有の管理実態に関する調査（概要）」（https://www.nca.or.jp/images/fuzai18.pdf　２０１８年9月15日閲覧）。

総務省統計局「日本の長期統計系列」（http://www.stat.go.jp/data/chouki/02.htm　２０１８年7月22日閲覧）。

農水省「相続未登記農地等の実態調査の結果について」２０１６年、（http://www.maff.go.jp/j/press/keiei/seisaku/161226.html　２０１８年9月15日閲覧）。

農水省「農地の利用状況調査の結果（平成28年）」、２０１８年、（http://www.maff.go.jp/j/keiei/koukai/attach/pdf/yukyu-30.pdf　２０１８年9月15日閲覧）。

原田純孝「農業関係法における『農地の管理』と『地域の管理』―沿革、現状とこれからの課題―（３）」、土地総合研究、２０１８年春号、２０１８年、80頁―１１０頁。（http://www.lij.jp/html/jli/jli_2018/2018spring_p080.pdf　２０１８年9月15日閲覧）。

ペーター・フローラ編・竹岡敬温訳『国家・経済・社会――ヨーロッパ歴史統計１８１５―１９７５（下巻）』原書房、１９８７年。

山本幸生・飯國芳明「中山間地域における土地所有権の空洞化と所有情報の構造」『農林業問題研究』、第１９４号、２０１４年、88頁―93頁。

吉原祥子『人口減少時代の土地問題』中公新書、２０１７年。

林野庁「森林経営管理法成立へ　～新たな森林管理システムの導入へ～」『林野』、１３６号、２０１８年。

Bloom, D. E. and J. G. Williamson (1998), "Demographic Transitions and Economic Miracles in Emerging Asia," *The World Bank Economic Review*, 12 (3), pp.419-455.

Chesnais, J.C. (1992), *The Demographic Transition*, Oxford University Press.

United Nations, Department of Economic and Social Affairs, Population Division (2015), *World Population Prospects: The 2015 Revision.*

第9章

〝オルタナティヴ農業〟をどう発展させるか
――もう一つの農業のあり方を求めて、なぜ今アグロエコロジーなのか――

小池恒男

第1節　日本農業の未来をどう描くか（二者択一論ではない）

本章で仰々しくあるべきわが国農業の未来像について語るつもりはない。ささやかながらこの際、改めて地域農業の次世代への継承、地域農業の持続的発展をめざすべき農業のあり方ついて考えてみたいと思い立ったに過ぎない。しかしながら少なくとも今日、わが国のめざすべき農業のあり方について論じるということであれば、以下のような三つの基本方向が設定されなければならないであろう。

一つの方向は、大規模農家への集約化と産地育成、市場出荷を目指す農業、さらにはそこに集落営農や大規模農事組合法人等々の地域で考え出される自由で、柔軟で弾力的な対応可能な農業支援の体制づくりを付け加えたい。

もう一つの方向は、直売所をはじめとする地産地消の取り組み、自家加工、農家民宿・農家レストラン、自然再生エネルギー、補助金総取り込みの取り組み等々によって支えられて立ち行く多くの中山間地域農業、都市農業、中小規模農業や兼業農家のめざす農業である。もちろん両者は、長期的にみれば相互に入れ替わる関係にあり、かつ相互に支え合う関係にもある。そしてこの第2の方向の基底に、低投入・内部循環・自然との共生めざすアグロエコロジーがしっかり位置づいているという〝オルタナティヴ農業〟の発展がきわめて重要な意味をもつことになる。

そして、この両者がよって立つ岩盤、揺らぎなき岩盤となる「くらし支える農村」づくりという第3の方向がなければならないが、農業サイドにおけるこの三つの方向に向けた誠実な遂行が、フランスでもない、アメリカでもないこの日本においては、この三つの方向に向けた政策選択を可能にする国民合意の形成に向けての重大な責務としてあることを強く意識する必要があるのではないか。とりわけ第2の、より身近に市民と目標を共有して取り組める〝オルタナティヴ農業〟の発展が重要な意味をもつことになる(1)。

第2節　アグロエコロジーとは何か

「有機農業を核とする環境保全型農業」とアグロエコロジー

そこでまず第2の方向の〝オルタナティヴ農業〟の基底に位置づくアグロエコロジーとは何かについて明らかにしておきたい。ヨーロッパで急速に広まりつつあるアグロエコロジーについて関根佳恵は、フランスの農業・食料・森林未来法をふまえて（2014年制定)、以下のような定義と解説を提示している。

定義「環境及び社会にやさしい農業、その実践と運動、そしてそれを支える科学」、解説「それは、生態系の営みに配慮した有機農業や自然農法の実践や問題意識と共有する点が多いが、単に農薬や化学肥料を使用しないだけではなく、ますます巨大化する農業食料産業の中で小規模な家族農業が経営を安定させ、持続可能な農業を営むための方策を示すもの」[2]。

一方、わが国において有機農業の推進に関する法律（２００６年制定）が規定しているこれに類似する農業のあり方にかかわる概念は、同法の第二条（定義）において、「この法律において有機農業とは、化学的に合成された肥料及び農薬を使用しないこと並びに遺伝子組換え技術を利用しないことを基本とし、農業生産に由来する環境への負荷をできる限り低減した農業生産の方法を用いて行われる農業をいう」と定義されている。また、環境保全型農業直接支払交付金制度においては、環境保全型農業の規定に「５割低減の取組」（化学肥料及び化学合成農薬の使用を地域の慣行から原則として5割以上低減する取組）という基準を置いており、そのうえで有機農業に「化学肥料及び化学合成農薬を使用しない取組」と定義している。このことを農薬と化学肥料の使用の二次元区分で図示を試みているのが表９－１である。これによれば、２－２、２－３、３－２が環境保全型農業、３－３が有機農業ということになる。全体としてここからうかがえるアグロエコロジーについての認識は、「有機農業を核とする環境保全型農業」というものである[3]。

以上の理解をふまえて、ここで確認すべき基本的な認識は、「有機農業を核とする環境保全型農業」もまた、多様にとらえられるアグロエコロジーの一形態であるという点である。

表 9-1　環境保全型農業直接支払制度における二次元区分に基づく環境保全型農業並びに有機農業の把握

農薬と化学肥料の使用水準		農薬		
		1 通常撒布	2 減農薬	3 無農薬
化学肥料	1 通常施肥	1－1 慣行作	1－2 減・通	1－3 無・通
	2 減化学肥料	2－1 通・減	2－2 減・減	2－3 無・減
	3 無化学肥料	3－1 通・無	3－2 減・無	3－3 無・無

注1）ただし有機農業の推進に関する法律は、定義からも明らかなようにこの２つの条件のほかに「遺伝子組換え技術を利用しないことを基本」とすると規定しているので、表中の２－２から３－３に至る４区分の環境保全型農業には当然のことながらこの第三の条件が付け加わることになる。

第3節　アグロエコロジーはどこまで進んでいるか

オルタナティヴ農業への道を展望するうえでみておかなければならないのは現行の日本型直接支払である。地域政策として高く評価されている現行の日本型直接支払制度は、それまでの中山間地域等直接支払（食料・農業・農村基本法が制定された1999年の直後の2000年度にスタート）、農地・水・環境保全向上対策、農地・水保全管理支払（2007年度スタート）、環境保全型農業直接支払（2011年度スタート）の三つの施策を束ねて総称して2014（平成26）年度にスタートした。その実施状況をさかのぼってみているのが表9－2である。

それぞれの2017年度における施策の取り組み面積を全国の農地面積（444万4000㌶）に占める割合でみると、多面的機能支払で51％、中山間地域等直接支払で15％、環境保全型農業直接支払で2％となっている。またこの三つの施策の2014年度以降の4年間における伸び率でみると、それぞれ1・16倍、0・96倍、1・55倍となっている。

たとえば一つの指標として、2011年度にスタートした環境保全型農業直接支払制度で「有機農業を核とする環境保全型農業」としてとらえられている環境保全型農業ないしは有機農業の取組の推移についてみておきたい。

表9－2で明らかなように、環境保全型農業がこの7年間に5・3倍の伸びを示している。これに対して、有機農業の伸びは1・3倍にとどまっている。それよりも何よりもみておかなければならないのは、両者の耕地面積を分母とする栽培面積割合が、環境保全型農業で2・02％、有機農業で0・33％というあまりに小さなシェアにとどまっているという点である。これはフランスで7・0％、ドイツで7・5％とされる有機農業の栽培面

積割合と比較すると雲泥の差というほかはない。フランスについていえば、国土は日本よりは小さいが耕地面積は日本の6・5倍（2900万㌶）であるから有機農業の栽培面積もまた203万㌶と大きく、これは表9－2のわが国の1万4593㌶の139倍ということになる。

ドイツの農用地面積は1673万㌶であり、これは日本の3・7倍、有機農業の栽培面積は125万㌶でこちらは86倍ということになる。しかしこれは数字の違いだけの問題ではない。国の有機農業に対する考え方の違い、力の入れ方の違い、そして何よりもその背後にある国民の関心度合いの違い、理解度や支持の違いも大きい。農協や、生産者の意識の違いも相対的に大きい。

表9－2で示された国の環境保全型農業直接支払制度に関して、2018年度に向けて現在大きな問題として注目しておく必要があるのは、実施面積においてこの制度の全体の41％を占めている地域特認取組に対する国の見直し、「予算の配分において、全国共通

表 9-2　日本型直接支払の実施状況

取組分類＼年次		2011	2012	2013	2014	2015	2016	2017
多面的機能支払＊		1,430,000	1,460,000	1,470,000	1,960,000	2,177,000	2,250,000	2,266,000
中山間地域等直接支払		677,633	682,404	686,845	687,220	659,000	661,000	663,000
環境尾保全型農業直接支払		17,009	41,439	51,114	57,744	74,180	84,566	89,770
	カバークロップ	2,911	11,344	11,831	7,849	13,150	16,722	18,437
	堆肥の施用	2,840	7,079	10,426	12,392	16,608	18,522	20,048
	有機農業	11,258	14,469	13,320	13,263	13,281	14,427	14,593
	地域特認取組	―	8,547	15,539	20,240	31,141	34,845	36,700

資料：農林水産省『日本型直接支払について』2016年05月
注1）＊2013年までは農地維持機能支払交付金
2）環境保全型農業直接支払は2011年度からスタート
3）＊堆肥の施用は2011年、2012年においては冬期湛水管理。2013年以降、冬期淡水管理は地域特認取組に繰り入れられた
4）カバークロップは「5割低減の取組の前後のいずれかにカバークロップ（緑肥）を作付けする取組」、堆肥の施用は「5割低減の取組の前後いずれかに炭素貯留効果の高い堆肥を施用する取組」、地域特認取組は「地域の環境や農業の実態等を勘案した上で、地域を限定して支援の対象とする、5割低減の取組と合わせて行う取組」と定義されており、有機農業を加えた合計値が環境保全型農業の栽培面積と理解される。2017年の田畑計の耕地面積は4 444 000haであり、これを分母とする2017年における有機農業栽培面積割合は0.33%、同じく環境保全型農業栽培面積割合は2.02%ということになる。

取組を優先」するという措置についてである[4]。その中心的な取り組みに対するこの措置は、いわば即、国のこの制度全体の縮小を意図するものと受け止めざるを得ないし、地域の特性を無視する、地域いじめの措置と受け止めざるを得ない。とくにこの点については、環境保全型農業直接支払のうち、実施面積において地域特認取組が90％を占める滋賀県にとっては、致命的な影響を受けることになり兼ねない重大事である[5]。

最後にわが国の有機農業に対する関心度についてみておきたい。表9－3で明らかなように、国の有機農業の栽培面積割合の目標値は1・0％ときわめて低レベルの設定である。これではまるでやる気なしの自己宣言に等しく、あまりにひどい目標値の設定と言わざるを得ない。

第4節　アグロエコロジーをどう展望するか

1　オルタナティヴ農業のもつ重要な意味

第1節では、地域農業の次世代への継承、地域農業の持続的発展をめざすべき農業のあり方、このめざすべき農業を実現するために求められる三つの基本方向、とりわけ、わが国農業を取り巻く経済的社会的、自然的環境からみて現時点で改めて強調されなければならない第2の基本方向の重要性について論じた。

表9-3　農林水産省の他の主要施策の目標値

各指標＼項目	2016年度実績	年度別目標 2017年	年度別目標 2018年	年度別目標 2019年	目標値（目標年度）
飼料用米・米粉用米の生産量	525,012 t	476,303 t	566,765 t	657,227 t	120万 t ＊（2025年度）
ガイドラインに即したＧＡＰ導入産地割合	42％（目標）	51％	61％	70％	70％（2018年度）
全耕地面積に占める有機農業の取り組み面積割合	—	0.7％	0.8％	1.0％	1.0％（2018年度）

資料：商経アドバイス2018年01月29日
注1）＊飼料用米110万トン、米粉用米10万トン

つづいて、この第2の方向の基底に位置づく低投入・内部循環・自然との共生めざすアグロエコロジーのもつ重要性について論じた。そしてそれは単に農法の選択というレベルにとどまらず、アクロエコロジーの取り組みが、より身近に市民と目標を共有して取り組める〝オルタナティヴ農業〟の発展につながり、延いてはそれが、地域農業の次世代への継承、地域農業の持続的発展をめざすべき農業の実現に向けての三つの基本方向に向けた政策選択を可能にする国民合意の形成に向けて果たす重大な役割について論じた。

以上の課題の設定について、以下で重ねて三段論法で確認しておきたい。地域農業の次世代への継承、地域農業の持続的発展という農業のあり方を当面のわが国農業の目標と置くとき、第1に、大規模農家への集約化と産地育成、市場出荷を目指す農業、さらにはそこに集落営農や大規模農事組合法人等々の地域で考え出される自由で、柔軟で弾力的な対応可能な農業支援の体制づくりという方向、第2に、直売所をはじめとする地産地消の取り組み、自家加工、農家民宿・農家レストラン、自然再生エネルギー、補助金総取り込みの取り組み等々によって支えられて立ち行く多くの中小規模農業や兼業農家のめざす農業という方向、そしてこの両者がよって立つ岩盤、揺らぎなき岩盤となる「くらし支える農村」づくりという第3の方向がこれに加わる。かかげたわが国の農業の目標を実現するうえでこの三つの基本方向が重要であるというのが第一命題である。

しかるに、今日のわが国農業を取り巻客観情勢を鑑みるとき、とりわけ第2の基本方向であるオルタナティヴ農業の重要性が強調されなければならない。これが第2命題である。ゆえに、第2の基本方向のオルタナティヴ農業の根底に位置づくアグロエコロジーの普及と定着がきわめて重要な意味をもつことになる、というのが第3の命題であり、結論である。

2　GAPのもつ意味

GAPは、Good Agricultural Practice（適正農業規範、現在の農林水産省の統一呼称は農業生産工程管理）、「農業において、食品安全、環境保全、労働安全、人権、農業経営管理等の持続可能性を確保するための生産工程管理の取り組み」と定義されている(6)。

GAPのわが国の取り組みの先がけがイオンのマーケティング戦略の一環として打ち出されたこと、いきなりドイツの一民間会社によって提唱されたグローバルGAPと向き合うことになったこと、政府による東京オリンピック対策として喧伝されたこと等々の事情によって不幸にも少なからぬマイナスのイメージで受け止められることになった。しかしながら、GAPが先のように定義されるものである限りは、これは当然、無視すべきものではない、むしろ積極的に対応すべきものということになる。肝心なことは、地域が地域固有の適正農業規範を創り出して、産地アピールのための資料づくり、地域住民、消費者に農業を理解していただくための資料づくりという認識であろう。

3　「有機農業を核とする環境保全型農業」の推進対策

(1) なぜアグロエコロジーは定着・普及しないのか

アグロエコロジーが普及していない実態については第3節で確認したとおりであるが、なぜわが国においてアグロエコロジーが定着、普及しないのかというこの問いに厳密に科学的に説明を加えることはそう簡単なことではない。ここで紹介できるのはごく一般的理解の範囲でのその理由についての理解である。

第1に、アジアモンスーン型のわが国固有の気候風土という条件（高温多湿、雑草との闘い）があげられる。第2に、水田農業、稲作はもともと環境保全型農業の典型であり、環境負荷は小さく、自然生態系と共生のもとに存立してきた、という無自覚があげられる。第3にあげられるのは不十分な政策支援である（打つべき有効な手立てを見出せない）。第4に、収量減をともなうということ（稲作であれば、6／9俵＝三分の二）、誰が価格補償するのかの課題が未解決という点があげられる。第5に、過剰に品質管理（等級、選別）される市場流通の弊害（世界一とされるフランスの卸売市場ランジスでは数十社の卸売店舗が並ぶ1棟が有機農産物の店舗で埋まっている）があげられる。

要するに生産者サイドには、リスクがともなう、所得減も覚悟、生産者はリスクが大きく、経営が成り立たないという基本問題が、消費者サイドには、それほど魅力を感じない、高価格は避けたいという志向、中産階級の崩壊等々の基本問題があるということである。

以下では、政策面で大きく立ち遅れている行政、農協の政策課題について検討する。加えて、環境保全型農業直接支払で全国一の実績を上げてきた滋賀県が、2018年度に向けて取り組み強化を打ち出した、「環境こだわり農産物からオーガニックへの深化」への挑戦に注目しておきたい。

(2) 行政課題

①まずは試験研究、技術指導体制の確立、強化

「有機農業を核とする環境保全型農業」はいまだ駆け込み寺を必要とする実態にあるということである。生産サイドにあるリスクを、とりあえず最小限にくい止める対応がまずはじめになければならない。

②食の安全性、生態系・国土の保全に対する補償制度の導入

有機農業の収量減をどう補償するかの課題である。ここでは稲作の例で一つの試算を試みておきたい。[7]

基準値は2015（平成27）年産の全国の10・00～15・00ヘクタル層（平均水稲作付面積12・22ヘクタル）の10アール当たり粗収益

10万8803円、同所得3万5271円（所得率32％）、10アール当たり収量527キログラム（8・78俵）、価格60キログラム当たり1万1282円、稲作総所得431万円（経営所得安定対策等の交付金を除く）。

今この粗収益10万8803円を有機稲作で確保するために必要となる販売価格と10アール当たり補償額を求めることとする。

《ケースⅠ　有機稲作の単収を6俵とした場合》

10万8803円÷6俵＝1万8134円（必要となる1俵当たり販売価格）

　1万8134円－1万1282円＝6852円（慣行作の価格との差）

6852円×6俵＝4万1112円≒4万1100円（必要となる10a当たり補償額）

《ケースⅡ　有機稲作の単収を7俵とした場合》

10万8803円÷7俵＝1万5543円（必要となる1俵当たり販売価格）

　1万5543円－1万1282円＝4261円（慣行作の価格との差）

4261円×7俵＝2万9827円≒3万円（必要となる10アール当たり補償額）

この試算結果から明らかなことは、有機稲作の成立には技術的な条件は別として、単純な粗収益を補償するという一点での試算によれば、慣行稲作の粗収益を補うために必要となる10アール当たり補償額は4万1100円（ケースⅠ）、単収7俵の前提で3万円（ケースⅡ）ということになり、その補償額はそれぞれの粗収益の38％（ケースⅠ）、28％（ケースⅡ）にあたるものとなるということである。

③GAP導入への積極的な取り組み

「有機農業を核とする環境保全型農業」の推進にあたってはGAPの精神を併せもって進めることが重要であるということ

④国の環境保全型農業直接支払の単価（8000円／10アール）への上乗せ措置、国の多面的機能直接支払の単価（5400円／10アール）への上乗せ措置

⑤「有機農業を核とする環境保全型農業」の3分の2への収量減に見合った需給調整貢献の認知

⑥「有機農業を核とする環境保全型農業」が必要とする機材の購入に対する補助金の交付

アグロエコロジーのための機材の開発の立ち遅れをどうカバーするのかの課題である。現場では悪戦苦闘の開発が進められているが、とにかく価格が高すぎて手が出ないというのが実態である。高性能機材の開発に対する助成が必要。加えて、「有機農業を核とする環境保全型農業」を支える高価な高性能除草機、マルチ田植えに向けた田植機、マルチ紙等々に対する補助が求められる。

（3）農協の取り組むべき課題

①マーケティング活動の展開

アグロエコ・フードの販路開拓は決して生易しいものではない。しかしながら国民の理解を呼び起こしながらのこの活動の意味するところは、4の①で確認した趣旨にかんがみて異なる意味での重要な意義をもつものである。

②アグロエコロジーに対応する生産者部会の立ち上げ

③農協直売所でのエコフード・コーナーの設置

④JA—GAPをふまえて農協独自のGAPを立ち上げる、その検討のための協議会を立ち上げる

この点で高く評価されるのは、神奈川県JAはだのの直売所「はだのじばさんず」が独自のGAP、「Jiba—GAP」を立ち上げた取り組みである。120人の実践出荷者（ほぼ毎日出荷する会員の3割）、40項目でスター

ト、2019年1月には127項目にわたって明文化、神奈川県の県GAPを運用するという取り組みである。[8]

⑤フランスにおける農協の積極的対応に学ぶ

フランスの、単なる規制の強化という受け止めを超えての、「ローインプットーハイリターン（見返りの大きさ）」という農協の積極的な対応に注目しておきたい。

（4）滋賀県の「環境こだわり農業からオーガニックへ深化」という挑戦

滋賀県は「環境こだわりからオーガニックへ深化」の取り組みを提起している。[9] 2019年度から水稲での有機栽培面積「日本一」を目指すとして、2023年で500ヘクタール、2028年で1000ヘクタールを目標値としてかかげている。県はその必要性について、「環境こだわり農産物の一層のブランド力の向上・消費拡大を図り、さらなる琵琶湖等の環境保全、安心・安全な農産物の供給へとつなげていくため、高度な取組へのステップアップが必要」としている。[10]

4　アグロエコロジーの定着・普及をめざして

ことは食品の安全性、生態系、国土保全（景観も含めて）にかかわる問題である。小手先のプレミアム価格でお茶を濁しておくというような姑息な対応ですむ話ではない。アグロエコロジーの目指すところは「有機農業を核とする環境保全型農業」を超えて、ではあるが、しかしさりとて決してそれより困難な、よりレベルの高いアグロエコロジーという意味ではなく、なぜなら、逆説的な言い方になるが、普通の農業、慣行作農業が成り立たないような状況の中でアグロエコロジーが成り立つはずがないとも言えるのである。しかしこうも言えるのではないか。その先に究極的姿としてあるのは「アグロエコロジーが普通の農業」なのだ、と。

（本論の執筆にあたって、滋賀県の食のブランド推進課から丁寧なレクチャーをいただいた。記してお礼申し上げる次第である）

注

（1）今後の農政をめぐって浮上することが予想されるのは、産業政策と地域政策の峻別という論点である。その際に重要なのは、まずはじめに産業政策とは何か、地域政策とは何かを明確な定義のもとに議論を進めること、第二には農業・農村に関してはその両者が密接に関連していること、加えて、農業政策がもっとも地域政策として有効だという点を実証的に明確に示すことである。

（2）日本農業新聞２０１６年6月5日、農村学教室今日のテーマ、関根佳恵「家族農業とアグロエコロジー」。

（3）国はこの環境保全型農業直接支払の有機農業に対して４０００円／10アールの支援単価を設定しているが、これに関しては「国、地方公共団体の負担割合１：１を前提として設定」としている。そして、「原則として、国は、地方公共団体による同額の負担が行われた取組に対して、交付金を交付」すると規定している。国４０００円、都道府県２０００円、市町村２０００円、合計８０００円／10アール）それぞれの負担割合１／２、１／４、１／４）

（4）国の環境保全型農業直接支払は、全国共通取組の３項目と、地域特認取組の14項目、合計17項目から構成されている。

（5）このことに関しては、以下の京都新聞（２０１８年2月8日）の報道に注目しておきたい。
「国は来年度から17項目の取組のうち、有機農業など3項目の「全国共通取組」に交付金を優先配分する方針を示している。さらに魚が産卵するため遡上する「魚のゆりかご水田」整備など、県が独自に設定した14項目の「地域特認取組」の内容や交付額も見直し、予算枠を抑える考えだ。三日月大造知事は「国の制度見直しで19年度以降に地域特認取組の交付金が減額されても県が穴埋めすることはできない」としており、交付金確保が見込める有機農業を重視する。

ちなみに２０１７年度における滋賀県の環境保全型農業直接支払の実施面積は１万７２０４ヘクタール（第1位、第2位は北海道の１万４８８２ヘクタール）。同様に、地域特認取組の実施面積は１万５５１０ヘクタール（第1位、第2位は北海道の３９７７ヘクタール）。滋賀県は国に先駆けて、２００１年度から「環境こだわり農業」に取り組んできた経過がある」。

（6）農林水産省生産局農業環境対策課『ＧＡＰ（農業生産工程管理）をめぐる情報』２０１８年1月。しかしここでうたわれている2項の「環境保全」は、環境保全型農業直接支払でいう環境保全型農業とは別のもの、５割減基準とは無関係のものである。したがってＧＡＰを推進すれば環境保全型農業が広まるという関係にはない。

（7）試算はつぎの資料に基づいている。農林水産省『平成27年産　米及び麦類の生産費』２０１７年6月。

（8）日本農業新聞（２０１８年2月13日、2月26日）を参照。

（9）日本農業新聞（２０１８年2月13日）「環境こだわり農産物　オーガニックへ深化」。

（10）滋賀県農林水暗部食のブランド推進課「環境こだわり農業の深化に向けた中間論点整理（案）」。

第10章

食文化と農産物流通のあり方――青果物を事例として――

桂　瑛一

第1節　はじめに

卸売市場を要とする青果物の市場流通こそは顔の見える流通で、わが国の食文化を支える流通の主役である。多数の生産者の荷を農協にまとめることで取引数の削減と輸送の効率化をはかり、卸売業者の介入は売買の数をさらに減少させて流通経費を抑え、仲卸業者・小売業者とともに需給の調整を促す効果を期待させる。また意外に見落とされているのは脇役である市場外流通を支える市場流通の外部経済効果(1)である。市場流通は決して理想の状態にあるとはいえず課題が山積しているが、その役割を理解して流通の担い手がそれぞれの任務を自覚することが先決である。市場流通は限りなく短縮すべき存在であるとする軽率な考えを真に受けて肩身の狭い思いが潜んでいるとすれば、流通の担い手にはあるべき方向を見定めようとする意欲を望みにくい。

消費者といえども完璧な情報や判断力の持ち主ではなく、理想的な状態で自らのニーズを抱けるとは限らない。農協が手離しでマーケット・インを志向すれば、食の安全性や消費者の健康さらには農業や環境に悪影響がもたらされる可能性を否定し得ない。マーケット・インのあるべき行く末を見極めることが不可避であるが、その手がかりになるのは食文化である。青果物の農協共販では市場流通を活用することが基本になる。ところが卸売市場への委託販売が無条件委託でしかないと思い込んでいる向きが少なくない。分荷にとどまって現実の共販が無条件委託に終わっていることも危惧される。限りなく川下の取引に踏み込むことが求められるが、取引の勘所を身に付けるという販売担当者の機能革新が前提になる。

本章では外部化と称せられる食の変化を食文化に対比させつつ食と農の未来を展望し、それに関連させて農産物に即した流通ならびに農協共販のあり方を検討することが課題である。工業製品の対極にあると目される農産物にあって、その最も典型と考えられる青果物に焦点を当て、独自の理論的考察に依拠しながら固有のあり様に迫ることとしたい(2)。

第2節　食文化の特質と食の展望

1　品数と素材へのこだわり

わが国の食文化は「和食」と名づけられて2013年にユネスコの無形文化遺産に登録されるが、それには知的財産を活用した食の国際化を進める目的で2002年に政府が提起した方針がきっかけをなしている。2005年には「食文化研究推進懇談会」が設置されて「日本食文化の推進――日本ブランドの担い手」がまとめられ、食文化を世界に発信するための行動計画が盛り込まれる。そしてその一環として2008年にスタートした「日本食文化テキスト作成共同研究会」では2010年に和食に関する教材を完成させている。そこでは日本人が親しんでいる食を「和食」ととらえながらも、そうした家庭の食が崩れるきざしにあることから、食の国際化よりも国民への情報提供を優先すべきことが強調される。ところがフランスの食が２０１０年に無形文化遺産に登録されるのを機に「和食」を登録する機運が高まって3年後の実現に至るのである。その過程でなされた議論を踏まえて農水省は和食の特質を、①多様で新鮮な食材と素材の味わいを活用、②バランスがよく健康的な食生活、③自然の美しさの表現、④年中行事との関わりの4点に集約している(3)。

　農業との関連ではとくに特色①が注目されるが、食材の多様性に関してはそれを象徴する「一汁三菜」が平安期以来の庶民の食の基本形であり、一種類の汁と三種類のおかずで主食であるご飯を食べるのである。もともと庶民には肉や魚の入手が困難で野菜が中心をなすが、塩と酢を調味料に野菜そのものを味わうことに工夫をこらしたとされる。鎌倉期に精進料理の基礎を築いた道元禅師は陰陽五行説に則って、「甘い」、「鹹《しおから》い」、「辛い」、「酸い」、「苦い」の五味のバランスが強調されていたのに対して中国で著された禅宗の規則の書『禅苑清規』に習い、「淡い」を加えて六味の調和を重視した。油と調味料を多用する中国の精進料理との違いは、わが国に伝来の食が意識された結果と思われる。鍋が普及すると煮ることで野菜の味をより以上に引き出すことに配慮し、調味料には醤油を用いて素材を重んじる嗜好が継承される。室町時代には茶席で味わう懐石が精進料理にも学んで旬・鮮度・外観が尊ばれるが、簡素ななかでの存在感をめでる茶道の「わび・さび」が素材重視の食をさらに確かなものにしたと見なせるであろう。こうした素材へのこだわりは鮮度のよい状態で最高の味わいを求める品質志向に発展し今日に及んでいる(4)。

　１９９０年に東京、ニューヨーク、パリにおいて食のあり方を二つの角度から二者択一で調査した結果によると、前述したわが国の食文化の特質①を鮮明に裏づけている。まず「いろいろな料理を少しずつ楽しむ食事」（品数重視）と「好きなものを気がすむまで食べられる食事」（一品豪華）との選択では、品数重視の割合が東京で84・6％、ニューヨークで56・1％、パリでは55・0％となっている。次いで「できるだけ生かちょっと手を加える程度」（素材重視）か「凝ったソースや味付けを工夫し長時間かける」（味付重視）かの設問では、素材重視の割合が東京で85・5％、ニューヨークで53・5％、パリが40・5％になっている。[5] 食文化は変化しながらも伝承されてきた食にまつわる生活様式で、長年の試行錯誤を経て培われ相続されてきた消費者ニーズのトレンドである。食材には健康を害したり毒素が含まれていたりする危険もあるが判別できない段階もあったわけで、その意味で食文化には生体実験をも経て培われた側面がある。[6] つまり食文化は総じて選りすぐりのものを蓄積し継承してきたがゆえに食の今後を見通すより所になると考えられる。[7]

2　食の変遷と今後への課題

海外に食料援助を申し出る根拠にする目的でわが国では１９４５年に「国民栄養調査」が始まっている。しかし食料事情は比較的順調に改善されやがて戦前の水準に戻るが、１９５８年度の調査結果では栄養状態がよくなってはいるものの依然として米食が中心であり、でんぷん質が著しく過多の状態で動物性たんぱく質や脂質が不足しているとしている。その上で食料の構成が諸外国に比較して粗悪であり、食生活が極めて低い水準にあるとの評価を下している。ところが前後してわが国は高度経済成長の時代に入り食料消費は着々と改善されていく。単に摂取カロリー数が増加するのにとどまらず、たんぱく質（P）、脂質（F）、炭水化物（C）の比率を基準に食料消費の理想とされるPが13～15％、Fが20～30％、Cが50～65％のレベルに急速に到達するのである。

他方わが国の手本であった米国では食生活による健康問題が議論になり、１９７７年の「マクガバン報告」にまとめられ、はからずもわが国の食こそが健康的な存在であることを浮き彫りにする。そのことも背景になり、１９８０年に農政審議会が答申した『80年代の農政の基本方向』では「日本型食生活」が食のあり方として提起され、１９８０年以降ＰＦＣ比率は適正な水準の枠内にとどまっている。しかし一方で食生活にさまざまな変化が生じており、その一つが食の外部化といわれる動きで、食料支出に占める加工食品や調理食品、外食費の割合が上昇する。もっともわが国では加工食品の割合はもともと高く、調理食品と外食が生鮮食品に代わっていくのがこの期の特徴である。

こうした食の外部化に対応して6次産業化をはかる目的で2011年に「6次産業化法」が施行される。コツを心得た地域伝来のワザによるいわゆる手づくり品を供給することが6次産業化の本命と目されるが、法律では農家へのもっと大きな価値の取り込みを想定している。少量の手づくり品を直売所で販売したり、スーパーやレストランに供給したりする限りは、加工のための設備や技術そして原料調達や販売に伴う困難は比較的小さいと推測されるが、大規模に6次産業化を目指すとすれば途端に難しい問題に直面する。6次産業化法は加工や販売に関する新技術のための研究開発の重要性をさりげなく強調するが、加工や販売で一定の成果をあげている業者に対抗するのは容易でない。また加工品や調理食品は添加物と調味料を駆使すれば自由自在になるとされるほどで、食品表示だけでは簡単に見分けがつきにくく6次産業化の強敵である。

その上コスト競争では原料の安定的かつ安価な確保が条件になるが6次産業化ではそれは農家の肩にかかってくる。わが国の農業はコストをかけ品質で競争している傾向があり、輸入品との価格競争には抗し切れないものがある。現に食の外部化が輸入に頼る兆候が指摘されている(8)。むしろ天然素材や無添加に近づけ地産の特質を活かすことが競争力強化のより所だと考えられるが、余分のコストがかかるため価格を高くする覚悟が欠かせない。少なくとも原料が国産である点が6次産業化の眼目になるが、それを漫然と安全・安心とみなすのは問題である。安心におんぶして安全を装った販売をするなら評価を下げることが心配される。6次産業化のイメージにすがるのではなく国産の品質を活かし、食文化に即した方向で特徴を盛り込み訴求することが主眼になるであろう。添加物や調味料の味わいに加えて輸入原料の低価格が消費者の評価を得るようになれば、わが国の食と農に好ましくない影響を与えかねないことに思いを馳せたい。

3　食文化が求める青果物の流通

(1)　食文化が特徴づける青果物

食生活が豊かになるにつれて野菜や果物の種類は増加し品質も多様化して取引の範囲が広がる。コストと戦いながらも生産者は1円でも高く買ってくれる消費者を探し出し、消費者はより以上に納得のいくものを1円でも安く買える生産者を見出そうとすることから、取引に必須の知識つまり情報の収集先が増えてその中身が複雑にもなる。ところが一人の人間の視野には限界があり、生産者と消費者が個々にそうした情報を得て、最適な取引相手を特定するのは不可能でさえある。地産地消への関心が高まっているが、あくまでも広域的な流通を基本に、不足はいつでも近隣の小売店で補える恵まれた環境が前提になっている。もし地産地消しか許されないとしたら貧しい食生活に逆戻りするしかないことは発展途上国での見聞から想像できることである。

工業製品の対極にある農産物のなかでその典型をなす青果物では、①多数の多様な生産者が広範囲に分散している、②生産量・供給量が不規則に変化する、③品質が不規則に変化する、④貯蔵が困難である、⑤多数の多様な消費者が広範囲に分散している、⑥消費量が不規則に変化するなどの特徴がある。青果物の品目別の栽培農家数は数万から十数万で都道府県別の分布割合は数パーセントまで偏在はなく、センサスは農家を販売農家と自給的農家に大別し前者をさらに5つの類型に区分し多様である。価格の不安定性は供給量の不規則な変化を物語るし、貯蔵の困難性に消費の変化も加わり契約的な取引での約束の遵守を難しくする。品質が変化することも契約をしにくくし、年によって仕入の中心産地が変わることもあると小売店は力説する。消費者は全国に散在し献立にいかに変化をもたせるかは消費者の腕の証しでもある。

品数や素材の持ち味に関心がなければ生産者はもっぱら単収に意を払えばよく、輸送や取引に伴うコストを最小にする観点から需給の量的な動向がうかがえる流通の仕組みを目指すことになろう。食育基本法が制定されるほどに食が乱れている面もあるが、品数と素材の持ち味にこだわるわが国の食文化が底流にある以上、消費者は旬や鮮度にも配慮し食材ごとのすぐれた品質に関心を持つはずである。一方で自然環境にも恵まれ四季折々に多様性に富んだ農産物が栽培され、そのことが食に与えた影響も大きいと思われる。食と農は相互に規定し合う間柄にあって農業はコストをかけ技や技術を駆使して品質や多様性を望む食に応えてきたのであり、それは国際競争力を支える要素にもなっている。生産者としてはそのような農業が正しく評価されるのを願うだろうし、生産者と消費者の双方が供給と需要のわずかな食い違いに敏感に反応するものと予想される。生産と消費のずれが生じ易い青果物の性格がさらに助長され、生産者と消費者の要望を充たすことがそれだけ困難になる。

欧米ではスーパーの進出に伴い卸売市場のシェアが低下し影の薄い存在になっている。しかしわが国ではスーパーの進出にもかかわらず卸売市場が健在で青果物の流通は欧米と異なった様相を呈している。物的には大差ない青果物でありながら食文化に影響され、わが国の流通は極めてわが国流なのである。農協がしばしばダイレクトにスーパーと取引する欧米の目からは卸売市場のシェアが大きい上に卸売業者と仲卸業者に分化しているわが国の流通がいかにも非効率に思えるらしく、実際に関係者の口から何度も聞かされた経験がある。フランスとイギリスの大手スーパーがそうした思いを抱いてわが国に進出したものの短年月で撤退を余儀なくされたのは、食文化に規定される日本型流通が理解できなかったからではないかと推測される。

(2) 食文化に応える市場流通

多数で多様な生産者と消費者が広範囲に分散し、しかも相互に密接な代替性のある多種多様な青果物の生産と消費が量的・質的に不規則な変化を繰り返し、加えて生産者も消費者もそうした変動に敏感であるだけに、生産者と消費者が自らに最もふさわしい取引相手を見出すことを極めて難しくする。こうした事態を克服するためにコストをかけ生産と消費を相性よく結び付けるのに手を差し伸べるのが多段階の市場流通なのである。国は流通改革の一環として情報の見える化に取り組むことを標榜しているが、情報はしばしば私的なものにとどめられようとするし、言葉や記号で表現し切れず情報化し得ないものもあり、見える化は決して生易しいことではない。多段階の流通過程では生産者と消費者の間に流通業者、農協、生協が介在し、取引を重ねることで生産と消費の情報が卸売段階に集約され、曲がりなりにもその実態が浮かび上がるのである。そうしたいわば「取引連鎖の原理」が見える化を現実のものにするのであり、それによってはじめて市場経済も作動するのである。(9) 取引連鎖の仕組みを流通の過程に即して説明するならば以下のとおりである。

流通の川下では家族のニーズを背負って買い物に出かける消費者の行動から始まる。次いで小売業者はそうしたニーズを店頭での売れ行きから把握して仕入れるべき規格・数量・産地・価格の見当づけを行う。それは小売業者の仕入を通して仲卸業者に伝わるが小売業者の仕入は消費者ニーズにもとづいており、仲卸業者は複数の小売業者にまたがる消費者の代弁者となる。同様に仲卸業者の仕入を通して卸売業者は、仲卸業者、小売業者、消費者を代弁する地位に立つ。一方、川上では卸売業者に集約される仕入の状況を農協が把握し、それにもとづいて選んだ卸売業者に農協は野菜や果物の販売を委託する。実際にはこれら一連の取引は同時に進行し、過去の状況からの予測を交えた行動になるが、取引活動が的確になされるならば仲卸業者は卸売業者を通して自らの顧客である小売業者の意向どおりの仕入が実現する。同様に小売業者は仲卸業者から顧客のニーズに即した仕入を行い、店舗での顧客の期待する売場作りにつながり、買い物をする消費者は売場で値ごろの野菜や果物に出会って満足することになる。(10)

顔の見える流通といえば直売所の代名詞の感があり、消費者は生産者と言葉が交わせるし、生産者は消費者の生の声が聞けるというのが論拠のようであるがそうなのだろうか。一つの直売所を利用する消費者は全体からすると一握りで、消費者との相性を広範囲に比較するには限界がある。また直売所に出荷するのは地元の生産者でしかなく、品質や安全性に優る野菜や果物が他で生産されているかもしれず、直売所で見える生産者もまた一握りである。市場流通の役割が必ずしも理想どおりでなく、分荷を行う以外は集出荷場の作業員でしかない農協の販売担当者、産地からの委託を仲卸業者に託すだけで実需者のニーズに迫ろうとしない卸売業者、卸売市場に出向かずバイヤーとしても適格でない人材に甘んじる小売業者に出くわす。しかし卸売段階に広範囲の生産と消費の情報を集積する市場流通こそは顔の見える流通の仕組みである。その機能をより確かなものにし、市場流通に大きく依存しつつも独自性を発揮する直結流通を効果的に組み合わせて補完させる流通のあり方が模索されなくてはならない。

（3）流通の要を担う卸売業者

農水省が公表する青果物の卸売市場経由率は総流通量に占める卸売市場取扱量の比率であるが、総流通量には缶詰や果汁、ケチャップやピューレなどの加工品を生鮮に換算して加えている。加工品が生鮮品と同じ卸売機能を求めるとはいえないことからすると農水省の経由率は卸売市場の過小評価になりかねない。かつて筆者は生鮮青果物の経由率を試算し、世間の論調に抗して卸売市場の健在ぶりを指摘し注意を喚起したことがある。(1) 幸い２００６年度以降は農水省によって加工仕向けの少ない国産青果物の経由率が算出されており、直近の２０１５年度は81・2％となっている。卸売市場の取扱量が減少しているとはいえ経由率が高いことの含意を的確に認識してかかることが重要である。

農水省は卸売市場の機能として、①集荷・分荷機能、②価格形成機能、③代金決済機能、④情報受発信機能を掲げている。ただしこれらの機能は農協・生協・小売業者の機能とも密接に関わっており、卸売市場の相対的な独自性に焦点を当てるとすれば若干の修正が必要である。市場流通の役割に立脚し、卸売市場を構成する卸売業者と仲卸業者の違いにも着目して、両者の機能を兼ね備えた卸売市場の独自性を検討しておきたい。

多段階の市場流通にあっては厳密には卸売業者がその要に位置し、散在する生産・消費そして中間の需給を誰よりも広範囲に見渡せる立場に立つ。その結果、卸売業者は、①需給の広域的調整ならびに②需給均衡相場の発見を相対的に独自の役割として担う。この場合、需給の調整は、広範囲の生産と消費の情報を集約し還元することを軸になされるが、市場間転送による調整も軽視できない。一方で仲卸業者には、①買い手の意向に即した仕入・小分け・配送および②代金の回収といった独自の機能がある。①では他市場からの仕入なども加味して買い注文へのずれを最小限にとどめるための需給の微調整が行われる。なお②との関連では卸売業者による代金決済の役割も看過し得ないが、わが国の商慣習に鑑み仲卸業者による小売業者からの代金回収にネックがあることに注目したい。また卸売業者と仲卸業者はいずれも商品価値の評価から個別価格を割り出して取引に臨み、需給相場を勘案しながら商品ごとの個別価格を決定する。両者のそれぞれに位置付く③の機能である。

取扱量の減少で卸売業者は必ずしも産地に強気で対処できない現実がある。しかし卸売業者の集中度は生産者や仲卸業者に対して相対的に高く、元来は強い交渉力を発揮できる存在である。差別的取り扱いと受託拒否の禁止、代金の速やかな決済などの法的規制は流通過程の競争構造を考慮した措置である。他方、需給の調整が卸売市場の役割であることからすると市場間の連携が重要である。集荷に苦慮する地方の卸売市場では仲卸機能を主眼とし、集荷は他市場に依存することも検討すべきで、産地市場的性格が強い場合にも消費地市場との連携が欠かせない。２０１８年6月に公布された新しい市場法では削除され開設者の判断に委ねられる第三者販売、直荷引き、商物分離の規制はこのことにかかわっている。

こうした規制緩和は直接流通を促し卸売市場を崩壊に導くとする批判があるが[12]、生産と消費を相性よく結ぶ多段階流通の要をなす卸売市場はそれほどに弱々しい存在ではない。かといって品数や品質へのこだわりが相対的に弱い間隙に付け込み、市場流通の機能を端折ってコスト削減を強調した手抜きの直接流通が姿を現し、それが悪循環になって低コスト志向をさらに強め、食文化志向が後退して食と農の崩壊につながっていく懸念は捨てられない。そうした事態を防ぐには適度の規制が必須であるし、それによってはじめて規制の条項を削除することが業者の経営改善や流通機能のいっそうの充実に貢献する効果につながるであろう。具体的には第三者販売、直荷引き、商物分離にかかわる従前の規制条項に付随するただし書きに準ずる規制を業務規程などに盛り込むことである[13]。卸売市場の現場では阿吽《あうん》の呼吸で行き過ぎを抑えた取引がなされ、ただし書き条項がいわばハイエク的意味の「行動の結果として自生する振る舞いのルール」として機能してきたと目される。食文化への消費者のこだわり具合を見定めながら、当面は従来の規制に準じることが適切であると思われる[14]。

第3節　食文化に根ざした農協共販

1　協同活動としての農協共販

農協は直接販売と買取販売に販売力強化の方向を見定めようとするが、上述のように青果物では多段階の市場流通が主役で直接販売は脇役である。また農協は協同活動の組織であり、組合員と農協が売り手と買い手の関係になる買取販売は理に反してもいる。ただ買取販売になぞらえ手取価格を事前に合意する方式ならば農協共販と矛盾することはないが、コストを反映した価格設定を目論むのなら広範囲の供給の制御が不可避であり農協といえども限界がある[15]。スパーが主導する値入ミックスを念頭にスーパーのこだわる商品価値を追求し、低い値入率を覚悟で仕入れる高い卸売価格の実現に挑むことが一つの課題であるといえる。

共販は販売担当者が察知するマーケット・インの方向を組合員が商品に作り込み、その労苦や特徴を熟知して担当者が取引の技量を駆使する役割分担をベースとし、同時に両者で連携することが鍵になる。組合員は担当者の導きで取引の機微に触れ、マーケット・インの意味合いを実感して効果的に取引にもかかわり、担当者は商品作りの神髄を組合員から感得して適宜指導に当たることも不可欠である。こうした協同活動で買い手の評価を得て取引を先導することこそが販売力強化への道筋である。組合員は日頃の活動において不満や要望を述べることで意思決定に参加し、事業の効果的な遂行に協力する術を会得することも課題である。また担当者には協同活動を担う役目を自覚して適切に出しゃばり、協同活動をあるべき姿に導く使命が課せられる。

ここでは農協の販売力強化を競争力と交渉力の強化ととらえ、生産者個人や法人による個別販売ならびに集出荷業者との対比で農協の協同活動がもたらす経済効果が原動力をなすとの考えを提起してみよう。まず個別販売との対比では、ⓐ規模の経済、ⓑ範囲の経済、ⓒ専従者の効果――専任の担当者を雇用する効果、ⓓ外部経済効果が想定され、費用の節減、商品価値の向上、取引交渉の優位化、個別販売への波及効果などが期待される。一方、集出荷業者との対比では、ⓐ情報集約の効果――生産・供給情報の効率的な集約、ⓑ整合性の効果――事業遂行上の齟齬の抑制による費用節減と販売成果の拡大、ⓒ内給性の効果――市場性の小さい組合員や家族の資本や労働の活用による費用節減と付加価値の所得化、ⓓ利益還元の効果――販売成果の公平な配分などが見込まれる。これらの効果をより所に農協は相互に競争し買い手との取引にも臨むが、個別販売に対比しての効果は集出荷業者によってももたらされる。集出荷業者に比べ農協が優位とは限らず、卸売業者が集出荷過程に進出する場合もある。また農協が買い手と連携することで成果を拡大する可能性も無視し得ないが、成果はあくまでも取引を通して分け合うことになる。工業製品を製造する寡占企業が経営の内部に準じて流通過程で強い力を発揮するのとは異なり、連携が農協に手放しで売り手よし買い手よし（ウィンウィン）の結果を導くとは限らない現実を直視したい。

競争はコストと商品価値をめぐって展開され、競争相手に対して異質の存在になることを目指す。その結果、売り手と買い手の競争はいずれもが不完全となり、取引は何らかの程度に双方独占的要素を有する市場で行われることになる。[16] 取引をめぐる競争と交渉は関連し合うが、相対的に低いコストや高い商品価値で供給する農協には買い手の引き合いが強まり、逆に当該農協が特定の買い手に固執する程度は弱まる。そのため農協が交渉力を強化するについてはまずは競争力の強化が課題になる。また農協が特定の買い手に執着するのを自制し強気で交渉に臨むには、ⓐ多様な売り先の情報に通じ買い手の選択幅を広げる、ⓑ需給相場に精通し的確な交渉に導く、ⓒ取引相手の手の内（情報力、費用、取引能力、担当者の性格など）を心得て冷静な交渉を可能にする、ⓓ競争相手の競争力と交渉力を見抜いて自らのペースで交渉できるようにする、ⓔ農協間の協調によって買い手の選択肢をしぼるなどの対策が求められる。これらは買い手にとっては概して好ましくないものだけに競争上はマイナスに作用することは否めない。

２「分荷」から「取引」への転換

卸売市場への委託販売は無条件でしかあり得ないと誤解している向きが少なくない。いわば販売力の行使ができないとするのにも等しいが、実際の農協共販が無条件委託の対応でしかなかったのであろうか。口をはさめないと思えるセリ取引でさえ交渉の余地があり、産地の情報を卸売業者や仲卸業者に伝えて適正な価格形成を促し、価格に不満があれば説得力をもって異議を唱え、場合によっては委託先を変更して対抗する道もある。卸売市場を介した契約取引も委託販売の一環であるが、契約条件を卸売業者と事前に交渉する余地があり、契約取引に立ち会うこともでき、より直接的に取引にかかわれる。ただいずれにしても卸売業者をはじめ仲卸業者やスーパーの意向、業者が有する情報の量や質、取引に当たる人の性格や力量、他産地の状況や消費の動向に通じていなくてはならない。しかも農協の販売担当者に取引の技量が求められることはいうまでもない。

農協では集出荷作業に専念する販売担当者を目にすることが少なくない。商品価値を生み出す大事な過程であるがその多くはマニュアル化され単純労働になっており、販売担当者がそうした作業のみに従事したのでは十分な共販の成果は望めない。集出荷作業や分荷にとどまるだけでなく、川下の取引に深く踏み込んで販売力を強化することが重要になる。ある卸売業者を訪ねた際に「取引は売り手と買い手の対抗と連携のバランスで成り立っており、大負けすると二度と取引したくないとする意識を生んでしまい、大きく勝ち取ることは必ずしもよい結果にならない。双方の納得が長期にわたらない限り取引関係は持続しない。お互いの痛さや痒さを把握して売り手と買い手の意向をいかにさばくか、卸売業にはその仲介の妙が求められる」との話を聞かされた[17]。取引のコツや技を心得ていなければこのような卸売業者の思いに立ち入ってそのいい分を評価し交渉に臨むことはできないはずである。

こうした観点からすると販売力強化の決め手は単協・連合会の担当者の機能の革新にあると考えられる。M・ポラニーは言葉で表現することが困難なプロセスを通して学ぶことを「暗黙に学ぶ」あるいは「暗黙知」とする考え方を提起している[18]。取引の勘所は体験を通してしか身に付かないところがあり、まさにポラニーが定義するところの「暗黙知」の一例に他ならない。幸い身近な存在である卸売市場はさまざまな利害が行き交うなかで日々取引が行われる場である。単協、連合会ともに販売の担当者を駐在員として卸売市場に派遣し取引を体得することが有意義であるように思われる。そうでなければ販売と指導の連携をはかろうと担当者が机を並べてみても何をどうしてよいか判断のしようがないであろう。

先に協同活動としての農協共販では商品作りと取引の奥義を相互に交錯させることの必要性を述べたが、それはしばしば暗黙知にかかわることで容易でないことは明らかである。しかしわれわれ研究を職とする者は農業や流通の現場に頻繁に出向いて事の真相を学ぶ必要がある。農業を実践し取引を実際に担うことはあり得ず、最後まで観察者の域を出ることはないが、理論仮説に立脚して一定の感触を得ることを実感する。それにもとづいた理論構築が研究者としての職務であるが現場に何がしかの提案を行い参考にしてもらうことも少なくない。そのことからすれば組合員と取引の担当者が単に話し合うだけでなく販売事業の実践を通して学び合うことの意義には大きいものがあると考えられる。

3 食を見据えた農協共販の戦略

買い手のニーズに応えることがマーケット・インであるが、市場流通では消費者とともに流通業者への目配りが欠かせず、競争力を規定し販売力を左右する商品価値は、①品質、②安全性、③品姿、④集合性、⑤計画性からなるといえる。品質や安全性は消費者の優先事項で、品姿とは個包装の有無や体裁、カット処理の施し方、根の泥や皮の除去具合のことで消費者の関心事である。集合性は出荷時に野菜や果物がまとめられる状態で、ロット数、ダンボールごとの重量・束数・個数、個包装の目方、選別・格付の基準や精度などからなる。また計画性は出荷の継続性、量や質の安定性、出荷要請に応える機敏性や的確性のことで、集合性と計画性は消費者の欲求を迅速かつ的確に充たすのに流通業者がこだわる点である。どの要素をどの程度に重視するかは買い手ごとに異なり、適正とされる価格も同じではない。商品価値を示して買い手を開拓することも課題で市場外流通に至ることもあろう。マーケット・インにとどまらないプロダクト・アウトの意義である。

一般に農産物では口にすればその良し悪しがたちどころにわかる面があり、イメージで買い手の心象をよくするのには限界がある。商品価値の違いをより強く意識した商品作りで実質的な特徴を訴求し、買い手のこだわりを確かなものにすることこそが販売力の強化になる。青果物のブランドはイメージの発信源ではなく買い手が商品価値を識別する目印であることをわきまえるべきである。農協の合併で品質にバラツキが生じたり、等階級の選別だけで品質を判別できない事態が起ったりするが、その際は買い手が農協を支店や選果場ごとに識別することがあるし、農協があらかじめ相性を勘案して販売先を違えることもある。組合員が多様化している上に特徴のある商品に挑戦する取り組みも考えられ、ブランドの複数化で識別を容易にして買い手との相性に配慮する工夫が求められる。相対的に高い価格で評価してくれる相性のよい買い手と取引することで販売力を発揮し、その買い手の意向で商品価値の次のあり方を探ることがマーケット・インの商品作りに結び付く。

マーケット・インには長期の視点を加味することも不可欠であるが、現に進行しつつある食の外部化に応えることこそが最善であるとする議論が少なくない(19)。当面の利益を確保するには目前の消費者ニーズへの対応が軽視できないことも事実である。しかし食と農と流通は食文化を支えており、逆にそれは食文化に支えられるという相互規定の関係にある。調理食品や外食が食文化と無縁ではないにしても食の外部化で素材を味わう嗜好が薄れることが懸念される。食が変化して多様性や品質にこだわる生産者と消費者の双方の意識が減退すれば量を確保することが優先され価格だけが食材を評価する基準になってしまう恐れがある。消費者は安価な輸入品で満足することになって農業の国際競争力がいっそう低下することが心配される。

そのことは生産と消費を相性よく結ぶことを託されてきた市場流通の意義が小さくなり行き場を失うことにつながり、食と農と流通が崩壊の道をたどることが危惧される。いわゆる流通の短縮化が進むのであろうが喜んでおれない事態である。世界一の長寿の源ともされる食と農をしっかり支えることに配慮して共販のあり方を展望しなくてはならない。必要なことは農業者所得の向上に寄与する食のあり方を食文化志向の強化をベースにして提案する販売促進への取り組みである(20)。生鮮品にこだわり、素材を活かした食の外部化を求め、価格よりも品質に執着する方向に消費者を誘導して国産の消費拡大につなげることを試み、その反応を踏まえた商品作りと相手にすべき買い手の探索が長期的観点からするマーケット・インの方向であると目される。

第4節　むすび

国の流通改革論議には流通をめぐる事実誤認や詰めの甘さが見られる。青果物流通は複雑怪奇で卸売市場は伏魔殿だとする常套句こそ影を潜めたが、改革論議にその名残がないとはいえず、それが大方の気持を代弁しているふしもある。本章が流通の意義を強調し過ぎているとすれば流通への誤解をただすことが大前提になるとの思いからである。市場流通は食文化に規定され食文化を支えてもいる。文化の香る農政が期待される。

直売所は居ながらにして小売価格で売れる存在には違いないが売りさばける量に大きな限界がある。直売に要するコスト次第で消費者は鮮度のよい野菜や果物を安く買えるかもしれないがスーパーほどの品揃えは期待できない。生産者と消費者はともに市場流通に頼ることが不可避であり、直売所が市場流通に支えられていることにも注目したい。

農協の販売力強化では競争力と交渉力の強化が課題になる。その意味内容を事業に即して理解したい。市場流通における契約取引を直販とする全農の考えは卸売市場の土場売りを無条件委託とする誤解に立っている。しかし取引の技やコツを心得て販売力を強化することは農協共販のすべてに欠かせない。取引の術を学ぶことは市場流通の至らなさを悟ることに通じ、販売力強化に役立つだけでなく、市場流通の改善を仕掛ける力にもなる。

食の外部化に対応してコストを抑えた食材供給の課題が強調されるが、むしろ食文化に即して食材のあり方を検討することが望まれる。コスト重視の考え方が浸透すれば、食の外部化はわが国の食と農に好ましくない影響を与えかねない。農協共販にあっては農業者所得の拡大を目指す立場で食文化に即した食のあり方を提案し議論の素材とすべきであろう。[21] 安易なマーケット・インは慎まなくてはならない。

注

（1）市場流通で集約される産地や消費地の情報あるいは卸売市場で発見される需給相場が市場外流通で利用されたり市場外流通での不十分な品揃えを市場流通が補ったりする効果。

（2）本章は拙編著『青果物のマーケティング』昭和堂、2014年、1章、2章に示した枠組みをベースに、筆者なりに考察を深めた拙稿「食文化から青果物流通を考える」（『地域農業と農協』44巻4号、農業開発研修センター、2015年）、同「流通とマーケティング」（『農業と経済』82巻10号、昭和堂、2016年）、同「共同販売事業は何のためにあるのか」（『農業と経済』83巻7号、昭和堂、2017年）などを加筆・修正し引用している箇所があるが注記は省略している。

（3）農水省が作成した資料『和食』2012年による。

（4）わが国の食文化の特質に関しては、四條隆彦『日本料理作法』小学館、1998年、阿部狐柳『日本料理の真髄』講談社、2006年、道元『典座教訓・赴粥飯法』講談社、2006年、熊倉功夫『日本料理の歴史』吉川弘文館、2007年、熊倉功夫ほか編『和食とは何か』恩文閣、2015年。

（5）飽戸弘『売れ筋の法則』筑摩書房、1999年、3章。

（6）児玉定子『日本の食事様式』中央公論社、1980年、X章。

（7）ハイエクは文化を人の行動から自生する振る舞いのルールの伝統と定義し行動の指針になるとの考え方を提起している。F・A・ハイエク（1973年）『法と立法と自由Ⅰ』春秋社、2013年、2章。

（8）小林茂典「野菜の用途別需要の動向と国内産地の対応課題」（『農林水産政策研究』11号、農林水産政策研究所、2006年）、同「加工・業務用野菜の動向と国内の対応方向」（『野菜情報』農畜産業振興機構、2018年）。

（9）（10）拙著『青果物の流通』埼玉経済連、1978年、1章で指摘して以来強調している点である。

（11）拙稿「青果物流通機構の特質と流通革新の方向」（堀田忠夫編著『農業・農村革新』農林統計協会、1998年、Ⅱ部1章）

(12) 三国英実「卸売市場法改正で今後どうなる」(『農民』農民連、2018年)。
(13) 細川允史『新制度卸売市場のあり方と展望』筑波書房、2018年は、規制緩和の意義を認めながら現状維持程度の規制を期待するが、その論拠は必ずしも明確でない。
(14) ハイエクの振る舞いのルールについては、F・A・ハイエク『前掲書』4章。
(15) 拙稿「農協の買取販売を考える」(『地域農業と農協』47巻3号、農業開発研修センター、2018年)。
(16) 拙稿「現代資本主義と協同組合セクター」(山本修ほか編『農協運動の現代的課題』全国協同出版、1992年、2章)。
(17) 首都圏の中央卸売市場でベテランのセリ人から得た言を筆者なりに表現したものである。
(18) M・ポラニー(1966年)『暗黙知の次元』紀伊国屋書店、1980年、I章。
(19) 高橋正郎編著『わが国のフードシステムと農業』農林統計協会、1995年、1章。
(20)(21) 食文化といった伝統のゆくえについては、F・A・ハイエク(1979年)『法と立法と自由Ⅲ』春秋社、2013年、終章、佐藤光『リベラリズムの再構築』書籍工房早山、2008年、結論、吉野裕介『ハイエクの経済思想』勁草書房、2014年、8章、終章。

結章

本書に与えられた課題の確認と本書の総括

小池恒男

はじめに改めて、以下で本書の分析・考察の対象と、本書編纂のねらいについて確認しておきたい。

本書の分析と考察の対象は、序章で述べたように第1に、1990年前後に本格化するグローバル資本主義のもとで登場したむき出しの構造政策（典型的には1992年の『新政策』）中心の今日に至る四半世紀にわたる農政の展開である。そして第2に、そこで先鋭化している農業・農政の諸問題を的確にとらえるとともに、国民にとってあるべき農業の姿と、それを実現する政策環境のあり方についての方向性を示すことである。

ここでは、この課題に沿っての各章の分析・考察について確認して、本書の総括とする。

第1章「半世紀の農政はどう動いたか」は、1970年以降に焦点を絞って、戦後農政を歴史的にとらえて、日本資本主義が国内農業をどう位置づけてきたか、農政のアクター（官邸、官僚、農林族、農協等）がどう動いてきたかを、以下の経済成長期までの農政、移行期農政、新自由主義的農政に沿って明らかにした。

経済成長期までの農政については、理念的には構造政策、実態的には価格政策で、小農温存的、構造政策としては圃場整備と大型機械の導入に限定され、全体として兼業稲単作化農業を進めたと特徴づけている。移行期農政（高度経済成長期からグローバル化への移行）については、米過剰による農政の大転換、総合農政、国際化農政、補助金政策、地域農政、農家の総兼業化等々によって特徴づけ、1991年のソ連の崩壊とともに、社会的統合のための農業保護政策の終焉をもってこの期の農政を締めくくっている。新自由主義農政については、さらに新自由主義への転換期、政権交代期農政、官邸農政に区分して詳細な検討を加えている。

全体として、官僚農政から官邸農政への流れを確認したうえで、求められるのは公共政策としての農政であり、政策形成の官僚や官邸、一握りの委員からの開放と民主化であるとしている。そのうえで求められるのは、食料自給率の向上と多面的機能の発揮、農村社会の安定という国民の負託にこたえる農政の展開であり、その基軸は、「多様な農業の共存」に基づくＷＴＯ体制の民主化・実効化、「国内対策」と引き換えにとめどもなく門戸開放するＦＴＡ政策の見直し、内外価格差を補てんしうる直接所得支払制度の普遍化、農山村社会を維持する方向での中山間地域直接支払や多面的機能支払の充実等であると、提案している。

第2章「水田農業政策の展開と課題」は、水田農業政策を以下の3段階の枠組みで論じている。

第1段階ではまず水田農業政策を、①米需給管理・調整政策、②それに必然的に関連する水田利用政策、③米価政策、④米流通政策、⑤水田農業政策に政策区分する。第2段階でその展開を、1990年代までの水田農業政策（Ⅰ期）、2004年産以降の生産調整の転換（第Ⅱ期）、2018年からの需給調整政策の転換と水田農業（第Ⅲ期）に時期区分する（単純な画期区分ではない）。そのうえで、第Ⅰ期の1990年代までの水田農業政策の変遷で（第1節）、米流通政策、価格政策、米需給政策・水田利用政策について論じている。つづいて第Ⅱ期の

２００４年産以降の生産調整の転換（第２節）では米政策改革と需給調整策の転換、米転作による生産調整、水田作経営安定対策の展開について論じている。第Ⅲ期の需給調整政策の転換と水田農業（第３節）では２０１８年産からの需給調整政策の転換、２０１８年産需給調整をめぐる新たな局面、２０１８年産米の需給調整について検証している。そのうえで、２０１８年産において主食用米回帰の傾向が明確になっており、主食用米需要が加速化する中で、この主食用米回帰の傾向が全国的にさらに顕在化すれば、２０１９年産以降において過剰生産が表面化する可能性があると警告している点に注目しておく必要がある。

以上の分析をふまえて、米流通政策は１９９５年の改正食糧法の施行によって機能を終え、価格政策も１９９８年以降の入札取引の値幅制限の撤廃によってその本来的な機能を終えた。それ以降の価格安定機能は需給調整政策に、価格変動によって生じる水田作経営への影響は経営所得安定対策による影響緩和に委ねられるところとなったと論じている。こうした水田農業政策の展開を貫いているのは新自由主義的な規制緩和の流れであり、「公共」の領域からの国・行政の撤退でもあり、卸売市場政策、漁業政策にも共通しているときびしく指摘している。そのうえで、わが国農業の重要な生産基盤である水田を公共財と位置づけ、より高度な活用をめざした政策のあり方が求められると論じている。

第３章「10年後に改革完成をめざしてきた農業構造政策の願望と現実――四半世紀の総括――」は、第１節「日本農業の構造変化と構造政策の役割の変化」でまず現在進行形の農業構造政策が目指している姿として、２０１５年に閣議決定された「食料・農業・農村基本計画」が提示している「効率的かつ安定的な農業経営」、具体的には認定農業者と法人化された集落営農という担い手像、そしてそれが２０３５年までに全農地面積の８割に利用されているという農地の集積状況という内容を確認している。同時に、農業構造政策が生産構造と合わせて考察することの重要性を指摘して、農業産出額の構成、農作物の作付延べ面積、農地の賦存状況、耕作放棄地の飛躍的増加について詳細な検討を加えている点が特徴的である。

第2節「農業構造政策の展開過程――構想の論理」は、現在進行形の農業構造政策の歴史的な位置について論じて、1992年の新政策（新しい食料・農業・農村政策の方向）、1993年の農業経営基盤強化促進法が、それまでの多様な農地流動化の方向を是とする多様な担い手を育成する方針から、選別的な農地流動化政策への歴史的な転換点として特徴づけている。加えて、新政策がリースによる会社の農業参入を提示して一般企業に関して積極的に踏み込んだという点にも注目している。つづいて、新政策と1999年に成立した食料・農業・農村基本法と差異について論じて、基本法が食料自給率引き上げの目標の設定と新たな担い手政策の方向づけと法定化の2点と、中山間地域の振興を盛り込んだことに象徴される「地域的条件」を重視した政策体系を、基本法の今日に生きる新たに築いた農政の地平として改めて高く評価している。

第3節「農業構造再編の実態とあるべき構造政策の方向――実態を踏まえた政策へ」は、新政策と基本計画がかかげた農業構造展望と実現如何という点について検証して、構造改革が期待通りに進展しなかったとしたうえで、地域農業政策の視点からの農業構造政策の重要性、農協による農業経営の特殊な意義を認め、日本的な農業構造改革のあり方の探求、そこで果たすべき総合農協の重要な役割に正当な光を当てることの必要性を強調している。

第4章「グローバル市場主義の下での家族農業経営の持続可能性と発展方向――農業経営の多様な形態・役割と持続のための施策――」は、まず第1節「本章の問題意識と分析課題」で、現在を、巨大なアグリビジネス主体の農業の工業化、世界標準食品の大量生産・大量消費の促進、小規模農業経営の排除を基調とする第二次フードレジーム、そして現在を、農業の工業化・標準食品化のさらなる進展、小規模農業経営の排除のさらなる強化、その一方で、持続可能性が危ぶまれる小規模農業経営や、栄養・健康面での消費者の不満、産地の環境・景観の問題などをめぐっての社会運動の強まり等々で特徴づけられる第三次フードレジームへの移行期ととらえている。そのうえでこの移行期にあって経営体の持続可能性を確保するために家族農業経営はいかなる経営発展を講じるべきかという問題意識のもとに、まず第2節「家族農業経営とは何か――農業経営の類型化と家族農業の定義――」で、家族農業経営の定義・意義と小規模農業定義・意義との混同について批判的検討を加えるとともに、企業形態の軸、経営形態の軸、経営規模の軸の3つの軸に基づく農業経営の類型化を提起し、改めて家族経営の位置付けを行っている。

第3節「農業経営の多様な形態・発展方向――「小規模」農業経営の優位性――」、第4節「「伝統的」「家族」農業経営の優位性」では、その3つの軸に基づいて、タンザニア「小規模」「伝統的」な「家族経営」、日本「中規模」「現代的」な「家族経営」、フランス「大規模」「企業経営」の「家族経営」という例示に基づいてその優位性について論じている。第5節「キリマンジャロにおける「伝統的」「家族」農業経営の優位性」、第6節「むすび――家族農業経営を持続させる意義と方策――」で、家族農業経営の優位性を具体的に例示し、家族経営を持続可能なものにするための施策のあり方について検討を加えている。

第5章「新自由主義政策下における集落営農の本質――抵抗と適応――」は、農業生産だけでなく社会生活の維持が組織の目的となるような中山間の条件不利地域で活動する集落営農の本質の解明を試みている。第2節「新自由主義政策と集落営農」は、新自由主義経済のもとでは競争が市場の運営原則のみならず社会の統治原則となり縮小された公共部門は民間営利部門による社会サービスとして市場において取引されることになること。

新自由主義は社会厚生を増大する機能を充足させるための条件として「公平性が担保されるルール」のもとでの競争が行われることを条件としているにもかかわらず、現実には多くの市場において「公平が担保されないルール」のもとでの不公平な競争が行われることの2点をふまえて、このような不公平な競争に対して、条件不利地域に位置する集落の農業者や住民が地域農業及び地域社会を維持するための自助努力として取り組む方策の一つが集落営農であると位置づけている。そのうえで、第3節「集落営農の概念の拡張による展望──事例からの検討──」では、中山間地域の共同機械利用組織を事例として取り上げ、住みよい集落を目指す集落協定の策定、都市農村交流イベントの開催、棚田ボランティア制度の設定、国の補助金の活動資金としての活用等々の社会サービスの提供、地域社会の維持の取り組みの展開を確認している。第4節「新自由主義政策下での地域社会の維持の論理──新たな集落営農の展望として──」では、以上の検討をふまえて、目的は地域社会の維持、地域農業の維持は手段という認識の共有、外部からの支援の積極的な取り込みによる住民負担の軽減、社会サービスの確保に向けての住民の自助的な供給の追求という三つの課題を提起して、最後に、新自由主義経済への反抗と適応に方向づけられた創意工夫に富んだ起業家精神の重要性を強調している。

第6章「農業労働力問題をどう解決するか」は、まず第1節「多様化する現代の農業労働力」でその農業労働力の多様性に注目して、農業従事者、農業就業者、基幹的農業従事者等々人の単位でとらえられる農業経営体で働く農業者という次元でとらえられる農業労働力、新規自営農業就農者、新規雇用就農者、新規就農者等々新規就農者という次元でとらえられる農業労働力、外国人農業労働者（具体的には研修・技能実習生）という次元でとらえられる農業労働力という視座を提示している。そのうえで、農業労働力の構造変化、新規就農の推移、外国人雇用労力等の実態について明らかにしている。第2節「次世代農業経営をだれが担うのか」では、新規就農者に注目して新規自営農業就業者、新規雇用就農者、新規参入者の実態について明らかにしている。第3節「農業の担い手確保支援制度とその課題」では、1990年前後以降における農業の担い手確保支援制度の展開についてフォローし、とくに「農の雇用事業」、「農業次世代人材投資事業（旧青年給付金制度）」について検討を加えている。

これらの分析をふまえて第4節「農業労働力問題の解決方向――多様な労働力の必要性と地域と協力した支援の拡充――」について論じて、第1の農業従事者、農業就業者、基幹的農業従事者等々人の単位でとらえられる農業経営体で働く農業者という次元でとらえられる農業労働力をめぐっては、当然のことながら基本的には、内外価格差を補てんしうる直接所得支払制度の普遍化、農山村社会を維持する方向での中山間地域直接支払や多面的機能支払の充実等がなければならないこと、地域の実情に応じた多様な経営体と多様な労働力の適切なマッチングを進める仕組みと施策がなければならないことを強調している。また、新規就農者という次元でとらえられる農業労働力をめぐっては、農地、住宅、技術、販路、中古の機械・施設等の経営資源、買い物支援等に及ぶ生活資源の確保、地域住民との関係づくり等々の全面的な支援の必要性を強調している。外国人農業労働者（具体的には研修・技能実習生）という次元でとらえられる農業労働力をめぐっては、新規就農者という次元でとらえられる農業労働力に対する支援に加えてさらに、最低賃金の保障をはじめとする国内労働者と同等の諸権利の保障の必要性を強調している。

第7章「経済のグローバル化と地域問題・地域政策」は、経済のグローバル化による国内地域問題の実態と日本固有の国土開発政策の立案・執行の過程における「地域問題」、とりわけ農村問題の把握のあり方に批判的にとらえる視点に立って、とくに第二次安倍政権における「地域消滅」論を前提にした国土政策と農村政策を検証し、その解決に向けての展望を提起するという課題を設定している。そして、第1節「経済のグローバル化と地域問題・国土政策」では、１９９０年前後に本格化グローバル化のもとで進められた国土政策、農村政策を「経済のグローバル化と条件不利地域・農村政策の登場」、「「グローバル国家」論と小泉構造改革」、「国土形成計画法の制定」と項を立てて検証している。

第2節「「増田レポート」と国土経営計画の見直し・地方創生総合戦略」では、第2次安倍内閣政権が打ち出した「東京一極集中を是正し、地方の人口減少に歯止めをかけ、日本全体の活力を上げることを目的とした一連の政策」である「地方創生（ローカル・アベノミクス）」について検討を加え、以下の5点にわたる矛盾を指摘している。①地域の再生と農業をはじめとする地域産業を一層破壊するＴＰＰ推進策と根本的に矛盾する、②小泉構造改革以来の派遣労働者の拡大政策による青年の非正規雇用化と低賃金という「少子化」、人口減少問題の真の要因と向き合っていない、③農村地域における「国家戦略特区」に象徴されるように「地方創生」で潤うのは規制緩和やＰＰＰ（パブリックプライベートパートナーシップ新しい官民協力の形態）、ＰＦＩ（プライベートファイナンスイニシアティブ民間資金を活用した社会資本の整備）で参入する大企業や、多国籍企業である、④これまでの構造改革や「選択と集中」によって「住み続けることができない」地域が広がっているという現実、⑤国によるトップダウン的な手法は、「地方分権」の流れに逆行する、等々の5点である。

これらの批判的な検討をふまえて第3節「農山漁村における地域再生の対抗軸」では、地域経済・社会を担っている全国の企業の99・7％、従業者の69・7％を占めている中小企業や農林漁業や地方自治体が加わって、これらの経済主体による地域内再投資力を高める政策に転換することが最重要課題であるとして、それを実践してきた「小さくても輝く自治体フォーラム」運動に参加する長野県栄村や阿智村、宮崎県綾町、徳島県上勝町、高知県馬路村等々の基礎自治体の取り組み事例を上げている。そしてこれらの小規模自治体の合計特殊出生率が東京都をはるかに超え、そのうちのいくつかの町村は人口を増やしてさえいるとして、むしろこうした町村こそがわが国が直面している少子化、人口減少の問題解決のあり方を先取りして示していると強調している。その際に、自治体による具体的な政策手段として注目すべきは中小企業振興基本条例と公契約条例であるとしている。

第8章「農地・森林における所有者不明土地問題の顕在化と対策」は第1節「はじめに」で、第1に「農地や森林の所有者不明という新しい土地問題の現段階の実態を明らかにすること、第2に、わが国固有に発現している土地所有者不明土地問題の原因の解明、第三に、土地所有者不明の農地・林地の対策の提起という三つの課題を設定している。第2節「所有者不明土地問題の現段階」では、中山間地域の事例分析では高知県大豊町を取り上げ、相続未登記の土地が半数を超える水準に達しているという調査結果を明らかにしている。同時に面積比率の高さのみならずその分布が新しい土地利用を困難にする形で分布していることを明らかにしている。つづいて２０１６年に国土交通省が実施した調査に基づいて、所有者不明土地が全体の約2割、林地で25%を超えているという全国的な調査の結果を示している。２０１６年に農林水産省の農業委員会を通じての実施された「相続未登記農地等の実態調査」によれば、相続未登記の農地47・7万《ヘクタール》、相続未登記の恐れがある農地45・8万《ヘクタール》、合計93・4万《ヘクタール》、その農地全体に占める割合20・8%という調査結果を示している。そしてこうした所有者不明土地が引き起こす問題について、相続権者と利用者の間に合意があり、また信頼関係があれば土地利用をめぐってのトラブルは発生しないが、現実にはこの信頼のネットワークの縮小が続いており、このことが農林地の有効利用を阻むことにつながっていると指摘している。

第3節「日本で土地所有者不明土地問題が顕在化する原因」では、人口動態をとらえる人口転換論、人口ボーナス論、人口オーナス論に基づいて、イギリス、日本、東南アジアとの比較について論じ、日本のキャッチアップ型の経済発展が人口転換のなかで生み出した人口ボーナスとその都市集積こそが日本の所有者不明土地問題をつくり出してきたとしている。

第4節「農林地の所有者不明土地問題に対する新たな対策」では、所有者不明土地に対する新たな対策について、農林地に対する現行の対策について詳細な紹介を試みている。

これらの検討をふまえて第5節「新しい制度の特徴と課題」では、2013年、2018年に改正された農地法や2018年に成立した森林経営管理法などの新しい制度が従来の規則と大きく異なる点として、1所有者不明農地・森林の対策が前面に出ている、2処理の迅速化の促すルールの導入、3農地法のもとで裁定を通じた利用権の設定の実施、4所有者の責務の導入、5対象となる農地・林地の利用できるものとそうでないものとの仕分けのための仕組みの導入等々の5点をあげている。そのうえで、5の結果として出てくる排除された資源に対する配慮の欠如、産業ごとの発想に基づく立案になっていて、新しい利用を受け入れたり、資源を共有するという構えを欠いている、このままでは農業や林業の行政がそれぞれ利用しやすい土地をつまみ食いする構造に陥る危険性がある、地域全体を面としてとらえる受け皿づくりの必要性（地域政策的視点の欠如）等々の課題を提起している。同時にまた、これらの政策の実効性を担保する市町村の農林行政の体制強化という課題が強調されなければならないであろう。

第9章「〝オルタナティヴ農業〟をどう発展させるか」では、「オルタナティヴ農業、そしてアグロエコロジー」という農業の未来像を提起した。それがもつ特別に重要な意味として、一つに、TPP11、日欧ETA、日米2国間FTA、RCEP等々の国際通商協定が全面的なに展開されようとしている世界的環境、そして二つに、それが食料安全保障をめぐっての国民合意の形成において特別に重要な意味をもつことの2点を強調した。

表結 -1　ヨーロッパの主要６カ国とわが国の土地種類別面積比較

指標＼比較７国	国土総面積	農用地面積			森　林	その他
		合　計	耕地及び樹園地	永年採草地		
デンマーク	4 309（100）	2 739（63.6）	2 542（59.0）	197（4.6）	445（10.3）	1 060（24.5）
フランス	55 150（100）	30 203（54.7）	19 439（35.2）	10 764（19.5）	14 931（27.1）	9 876（17.9）
ドイツ	35 691（100）	17 367（48.6）	12 116（33.9）	5 251（14.7）	10 700（30.0）	6 860（19.2）
イタリア	30 127（100）	16 160（53.7）	11 860（39.4）	4 300（14.3）	6 770（22.5）	6 476（21.5）
オランダ	3 733（100）	17 175（53.2）	934（25.0）	1 051（28.2）	350（9.4）	1 051（28.2）
イギリス	6 127（100）	6 127（70.1）	6 127（25.0）	11 048（45.1）	2 438（10.0）	4 547（18.6）
日　本	37 780（100）	5 124（13.5）	2 055（11.8）	661（ 1.7）	25 100（66.4）	7 428（19.7）

資料：農林水産統計情報部『ポケット農林水産統計』1997年版、ＦＡＯ『Production Yearbook 1994』による。
注1）農用地面積＝耕地及び樹園地＋永年採草地．その他は、建築物敷地、荒廃地、公園、装飾庭園、道路、不毛地、水路、その他の項目に入らないすべての土地。
2）各分類別面積の合計値は総面積と一致しない。

ここでもう1点、これに付け加えて強調しておきたいのは、わが国の逃れがたくある固有の気候風土、社会地理的条件をあげておかなければならない。それは端的にいえば以下の2点である。一つは、国土の固有の性格である。表結－1で明らかなように、森林が国土の三分の一を占めていて、農用地面積の割合が極度に小さいというのがわが国土の絶対的な条件である。二つには、混住化社会を形成しているというわが国の社会地理的条件である。付け加えればこのことはさらに、中山間地域に賦存する農地が42％に及び、都市域に賦存する農地をこれに加えればわが国の農地の5割が条件不利地域に賦存しているということにもつながっている。これに以下にみるようなわが国の大規模穀作経営の実態を直視しておかなければならない。

表結－2で明らかなように、水田作付延べ面積20㌶以上層の穀作経営は、驚くべきことに肝心の営農部門の所得がマイナスで、そのマイナスをもっぱら直接支払交付金で補って経営を成り立たせているという実態にある。もちろんかくあっても、国民の必要とする食料の確保に貢献している役割は大きい。しかしわが国における大規模穀作経営が国際競争に打ち克てる状況にないことも明らかである。そういう意味においてこれを補う

表結 -2　水田作個別経営（20ha 以上層）の営農所得及び各種交付金の構成（全国）

（単位：千円、%）

農業所得、作付規模 ＼ 年産			2012（H24）	2013（H25）	2014（H26）	2015（H27）	2016（H28）
農業所得千円	営農所得		1 802（12）	266（2）	△1854(△17)	△1529(△10)	△1506(△10)
	直接支払交付金	米	5 040（35）	5 020（38）	5 651 (52)	1 183（8）	1 161（08）
		水田活用	5 498（38）	5 769（43）	5 999 (55)	7 749（51）	9 006（57）
		畑作物	2 127 (15)	2 212（17）	1 075（10）	7 820（51）	7 018（45）
	合計		14 467（100）	13 267（100）	10 871（100）	15 223（100）	15 679(100)
作付規模ha	水稲		15.30	15.97	16.27	17.86	17.51
	麦類		9.17	8.05	9.01	10.97	11.70
	豆類		5.83	6.29	5.57	8.45	7.18
	飼料作物		0.79	0.47	0.67	1.09	2.42
	合　計		29.75 ＊	30.96 ＊	31.20 ＊	36.73 ＊	36.77 ＊

資料：農林水産省『農業経営統計調査 個別経営の営農類型別経営統計—水田作経営—』各年版

注1）個別経営には個別法人経営を含む。

2）水田作付け延べ面積20ha 以上層（全国）。

3）営農所得は、表中の3種の交付金を除く農業所得（ただし共済の超過受取金を含む）。

4）表中の3種の交付金は本統計においては、「農業雑収入」の中の「共済・補助金等受取金」に分類されている。ちなみに2015年に関しては、3種の交付金はこの「共済・補助金等受取金」の87%を占めている。残りの13%は共済の受取金。

5）＊その他作物2012年－0.84ha、2013年－0.83ha、2014年－0.40ha、2015年—0.83ha、2016年 -0.79ha。

6）なお、年次別にみた稲作に対する戸別所得補償制度に基づく直接支払の実施状況は以下のとおりでる。

2010年　戸別所得補償制度2010－　2017年度、通算８年間
2013年に経営所得安定対策に看板の架け替え
2010－2013年 15000円　　4 年間
2014－2017年　7500円　　4 年間
2018年　　　　ゼロ、2019年度より収入保険制度

これを表示して整理してみているのが以下の付表1である。

付表 1

時期区分＼支払単価等	10 a 当たり円
2010－2013年の4年間	15 000円
2014－2017年の4年間	7 500円
2018年	0
2019年	収入保険制度

注1）2010年度はモデル対策

役割を担うべき、第2のより身近に市民の目標を共有して取り組める"オルタナティヴ農業"の発展が重要な意味をもつことになる。それであるがゆえに、食料安全保障の確保、より豊かな農業の多面的機能の発揮、都市・中山間地域農業の確保を通じて耕境を守る、国土を守るという大きな国民的課題を前面にかかげてこれに取り組んでいかなければならない。

こうした農業の未来像の実現は、いうまでもなくひたすら日本農業の比較優位に立脚するということである。たとえば、豊富な再生産可能な水、微生物の宝庫、優れた人材資源、1㌶10・5人を養うことのできる世界に誇るべき生産力を有している水田、恵まれた日本の気候風土と人的資源という基礎条件を備えているというのが第1点である。たとえば、世界的に遺伝子組み換え作物が増加する中にあって、たしかにわが国の遺伝子組み換え食品の1人当たり消費量は世界一（絶対量では中国）である。しかしわが国はEU諸国とともに、遺伝子組み換え作物の八つの作物すべてについて商業生産をしていない誇るべき国の一つである。日本の遺伝子組み換えを許さない日本の大豆は世界の宝物である（すでに世界の大豆の75％が遺伝子組み換えである）。

たとえば第3に、混住化社会の中に存立している日本の農業という点があげられる。地域で多くの消費者とともに住み、くらしているという他国にないわが国農業が有している決定的な強味をあげておかなければならない。そこから出てくる答えは、徹底的に地域と結びつく、消費者と結びつく（消費者の国産指向の根強さ）、直売所、市民農園、自然再生エネルギーの掘り起こし等々あらゆる手を尽くして結びつく。安心・安全、品質、新鮮、環境保全、やさしい気持までを付け加えて結びつく。私たちには、そういう地域とともにあるいのちはぐくむ農業、非GMで、食育・地産地消の農業、地域資源を活かす農業、安全性基準もきびしく、品質の管理水準も高い、高品質の農産物を供給する能力を備えている世界に誇れる立派なわが国の農業があることにまず確信をもたなければならない。

第10章「食文化と農産物流通のあり方――青果物を事例として――」は、第1節「はじめに」で外部化と称せられる食の変化を食文化に対比させつつ、農産物に即した流通ならびに農協共販のあり方について検討することを課題としてかかげている。第2節「食文化の特質と食の展望」では、平安期、鎌倉期、室町時代にまでさかのぼってわが国の食文化の特質として流れる「鮮度の良い状態で最高の味わいを求める品質志向の伝統」を確認している。そのうえで、今日のわが国の食文化の優れた特徴として、東京、ニューヨーク、パリとの比較において確認された「一品豪華」よりは「品数重視」、「味付重視」よりは「素材重視」という特徴に重ねて、2013年に農林水産省によって和食の第一の特質としてあげられた「多様で新鮮な食材と素材の味わいの活用」の重要性を強調している。つづいて、「国民栄養調査」の「米食中心、でんぷん質過多、たんぱく質・脂質不足」の指摘、たんぱく質・脂質・炭水化物比率の急速な改善、その一方での食の外部化「食料支出に占める加工食品・調理食品、外食費割合の上昇」とつづいた戦後における食の変遷をフォローし、六次産業化のイメージにすがるのではなく、国産の品質を活かして食文化に即した方向で特徴を盛り込み訴求することの重要性を強調している。加えて、わが国の食文化を特徴づける青果物の流通と消費について検討を加えている。そして第一に、わが国の広域的な流通を基本に不足は何時でも近隣の小売店で補える恵まれた環境を確認し、卸売段階に広範囲の生産と消費の情報を集積する多段階流通こそが顔の見える流通の仕組みであると力説している。最後に、卸売市場のもつ①集荷・分荷機能、②価格形成機能、③代金決済機能、④情報受発信機能の4つの、仲卸のもつ①買い手の意向に即した仕入・小分け・配送、②代金回収の2つの独自の重要な機能をそれぞれあげて、食文化のこだわり具合を見定めながら規制の従来の規制に準ずる運用を求めている。

第3節「食文化に根ざした農協共販」、第4節「むすび」では、農協の自己改革が直接販売、買取販売に販売力強化の方向を見い出そうとしている点に警告を発して、協同活動を通じて買い手の評価を得て取引を先導することこそが販売力強化への道であると説いている。そして、無条件委託販売について、セリ取引においてさえ交渉の余地があり、委託販売に位置づく契約取引においても契約条件を卸売業者と事前に交渉する余地があるのであり、委託販売が無条件であるという理解に異を唱えている。そのうえで、販売力の強化の決め手は単協・連合会の担当者の機能の革新にあること、「分荷」ではなく「取引」を、農業者所得の向上に寄与する食のあり方を、食文化志向の強化をベースにして提案する販売促進の取り組みを提起している。

谷口信和（たにぐち　のぶかず）東京大学名誉教授
1948年東京都生まれ。東京大学農学部卒。東京大学大学院農学系研究科博士課程単位取得退学、農学博士。専門は、農業経済学・農政学。
主な著書は、『20世紀社会主義農業の教訓』農山漁村文化協会、1999年。

辻村英之（つじむら　ひでゆき）京都大学大学院農学研究科教授
1967年愛知県生まれ。京都大学農学部卒。京都大学大学院農学研究科博士課程修了、博士（農学）。専門は、農業食料組織経営学。農業開発研修センター参与。
主な著書は、『農業を買い支える仕組み』太田出版、2012年。

伊庭治彦（いば　はるひこ）　京都大学大学院農学研究科准教授
1963年生まれ。島根大学農学部卒。京都大学大学院農学研究科博士課程中途退学、博士（農学）。専門は、農業経営学。
主な著書は、『農業・農村における社会貢献型事業論』（編著）農林統計協会、2016年。

小田滋晃（おだ　しげあき）京都大学大学院農学研究科教授
1955年大阪府生まれ。京都大学農学部卒。京都大学大学院農学研究科博士課程修了、博士（農学）。専門は、農業経営学。農業開発研修センター参与。
主な著書は、『園芸農業の計量的分析方法』養賢堂、2004年。

横田茂永（よこた　しげなが）京都大学大学院農学研究科特定准教授
1963年生まれ。一般社団法人ＪＣ総研（現・日本協同組合連携機構）主任研究員、一般社団法人全国農業会議所専門員等を経て現職。専門は、農業経済学。
主な著書は、『環境のための制度の構築――有機食品の認証制度を中心にして――』（筑波書房、2012年）。

川﨑訓昭（かわさき　のりあき）京都大学大学院農学研究科特定助教
1981年生まれ。京都大学農学部卒。京都大学大学院農学研究科研究指導認定。専門は、農業経営学、産業組織論。
主な著書は『「農企業」のムーブメント――地域農業のみらいを拓く』（共著、昭和堂、2018年）。

岡田知弘（おかだ　ともひろ）京都大学大学院経済学研究科教授
1954年富山県生まれ。京都大学経済学部卒。京都大学大学院経済学研究科博士後期課程修了、経済学博士。専門は地域経済学。農業開発研修センター参与。
主な著書は、『「自治体消滅」論を超えて』自治体研究社、2014年。

飯國芳明（いいぐに　よしあき）高知大学人文社会科学部教授
1958年島根県生まれ。島根大学農学部卒。京都大学大学院農学研究科博士課程中途退学、博士（農学）。専門は、農業経済学、農業政策学。農業開発研修センター参与。
主な著書は、『土地所有権の空洞化』（編著）、ナカニシヤ出版、2018年。

桂　瑛一（かつら　えいいち）信州大学名誉教授、大阪府立大学名誉教授
1939年満州新京生まれ。京都大学農学部卒。同大学院農学研究科修士課程修了、農学博士。専門は、農業経済学、青果物流通論。農業開発研修センター理事。
主な著書は、『青果物のマーケティング』（編著）、昭和堂、2014年。

索　引

さ　行

た　行

な　行

は　行

ま　行

や　行

ら　行

■編著者紹介

小池恒男（こいけ　つねお）滋賀県立大学名誉教授、農業開発研修センター会長

1941年東京都生まれ、長野県出身。信州大学農学部卒、京都大学大学院農学研究科修士課程修了、農学博士。専門は、農政学、環境保全型農業論。

主な著書は、『激変する米の市場構造と新戦略』家の光協会、1997年。

■執筆者紹介

田代洋一（たしろ　よういち）横浜国立大学・大妻女子大学名誉教授

1943年千葉県生まれ。東京教育大学文学部卒、博士（経済学）。専門は、農業政策。

農業開発研修センター理事。

主な著書は、『農協改革と平成合併』筑波書房、2018年。


小野雅之（おの　まさゆき）神戸大学大学院農学研究科教授

1954年大阪府生まれ。北海道大学農学部卒。北海道大学大学院農学研究科博士課程中途退学、農学博士。専門は、農産物流通論。農業開発研修センター参与。

主な著書は、『現代の食料・農業・農村を考える』（共著）ミネルヴァ書房、2018年。


グローバル資本主義と農業・農政の未来像――多様なあり方を切り拓く――

2019年3月30日　初版第1刷発行

編著者　小池恒男
発行者　杉田啓三

〒607-8494　京都市山科区日ノ岡堤谷町3-1
発行所　株式会社　昭和堂
振替口座　01060-5-9347
TEL（075）502-7500/FAX（075）502-7501

印刷　亜細亜印刷

ISBN978-4-8122-1818-1